获西安石油大学优秀学术著作出版基金资助

获陕西省自然科学基础研究计划项目（2019JQ-819）资助

获陕西省教育厅科研计划项目（20JS118）资助

基于润湿性的
管道流动减阻技术

齐红媛　著

中国石化出版社

HTTP://WWW.SINOPEC-PRESS.COM

内容提要

本书从基于润湿性的管道流动减阻技术角度出发，对润湿性的理论基础、不同润湿性管道内的流动测试装置、润湿性对流动阻力特性的影响、润湿性与摩阻系数的定量分析、润湿性对流动滑移特性的影响、润湿性对流动特性影响的数值模拟、润湿性对非金属管道输送能力的影响、润湿性的影响因素及其预测模型、微观形貌分形描述及其对润湿性的影响，进行了系统的介绍和分析。

本书可作为从事石油管道输送、机械及化工的科研人员、技术人员和管理人员的参考书，也可作为高等院校相关专业研究生的参考资料。

图书在版编目（CIP）数据

基于润湿性的管道流动减阻技术/齐红媛著．—北京：
中国石化出版社，2020.8
ISBN 978-7-5114-5919-0

Ⅰ.①基⋯ Ⅱ.①齐⋯ Ⅲ.①管道流动-减阻
Ⅳ.①O357.1

中国版本图书馆 CIP 数据核字（2020）第 159391 号

中国石化出版社出版发行
地址：北京市东城区安定门外大街 58 号
邮编：100011　电话：(010)57512500
发行部电话：(010)57512575
http://www.sinopec-press.com
E-mail：press@sinopec.com
北京艾普海德印刷有限公司印刷
全国各地新华书店经销
*
710×1000 毫米 16 开本 9.5 印张 156 千字
2020 年 8 月第 1 版　2020 年 8 月第 1 次印刷
定价：50.00 元

前　　言

随着世界经济的稳步增长以及各国对能源需求的与日俱增，全球油气管道建设呈现高速发展的趋势。管道是油气运输的主要方式，降低管道运输过程中的沿程阻力是提高输送效率、减少能源消耗、降低生产成本的主要技术途径，越来越严峻的能源需求状况迫切需要油气管道减阻技术得到突破性进展。

润湿性是固体表面的重要特征之一，由表面化学组成和微观几何结构共同决定。近年来，受昆虫翅鞘和植物叶片表面憎水性能的启发，越来越多的国内外学者开始关注具有特殊润湿性的功能表面在管道流动减阻方面的潜在应用。与普通材料表面相比，具有特殊润湿性的表面在材料几何形貌和化学组成等方面的不同造成流体在管道表面表现出不同的流动行为。研究表明，当流体在这种表面流动时，气液接触界面的存在能显著减少固 - 液之间的接触，在流体和壁面间形成一层气垫层，从而产生边界滑移效应，这样就减少了流体和管壁之间的摩擦力，进而可以更快速、更省力地传输流体。因此，开展基于润湿性的管道流动减阻技术研究具有重要的理论意义和应用价值。

目前，经典流体力学理论中，大都采用经典的无滑移边界条件，即认为流体分子在管道壁面处的相对运动速度为零。该假设得到了大量实验结果的验证，并被广泛应用于流体流动相关问题的理论分析、实验研究和工程实际中。然而，随着现代测试手段及分析技术的发展，一些研究发现，流体在管道壁面处会发生滑移，且滑移边界条件与液体所流经表面的润湿性直接相关。事实上，边界滑移能够改变流体的流动阻力，而表面润湿性对边界滑移又有重要的影响，但目前润湿性对流动阻力与滑移特性的影响尚存在争议。

润湿现象是固体材料表面结构性质、液体性质和固－液界面分子作用力等微观特性相互作用的宏观结果，通常采用接触角来衡量其润湿性能。根据润湿性的基本理论，一方面，对于所要输送的液体可以选择不同种类的管材进行输送；另一方面，对于现有管材可以选择输送多种液体。这两个方面的改变均会对固－液界面的润湿性产生影响，进而可能对液体的流动阻力产生影响，但从哪个方面改变润湿性会对流动阻力产生更加显著的影响尚不明确。

另外，现阶段相关润湿性对流动阻力影响的研究主要集中在定性研究，即采用各种物理化学手段在材料表面制备超疏水或超疏油表面，以此开展相关流动阻力实验或理论研究。然而，相关润湿性与摩阻之间的定量关系、润湿性对管道输送能力的影响还鲜见报道，润湿界面滑移减阻的本质还存在争议。因此，迫切需要从管输介质与管材配伍性角度，围绕管道内壁润湿性与液体流动特性之间的关系开展一些研究，对比两方面的影响程度，证实管壁润湿性的改变对液体减阻增输的有效性。

此外，尽管经典的 Young 模型、Wenzel 模型以及 Cassie-Baxter 模型均从理论上建立了接触角与其影响因素之间的关系，但前提条件是理想固体表面，对于实际固体材料，其表面的粗糙度因子以及材料的本征接触角均难以获得。因此，需要开展润湿性的影响因素研究，并从实际应用角度提出新的接触角预测模型，进而通过改变润湿性的影响因素达到降低流动阻力的目的。

鉴于此，本书围绕管材和液体，采用实验研究、数值模拟与理论分析相结合的方法，较为系统地探讨了管道内壁润湿性与液体流动特性之间的内在联系，以及影响润湿性的主要因素，这对通过管壁润湿性的改变来实现液体管道减阻增输的新工艺开发具有重要的理论与实践意义。

本书第 1 章论述了润湿性的一些理论基础，包括基本概念、理论模型以及润湿性的表征参数。第 2 章介绍了为测试不同液体在具有不同润湿性管内的流动阻力，自主设计并加工的一套室内小型循环管路实验平台，以及实验液体、实验管道的各种性能测试。第 3 章采用循环管路实验平台，通过测量不同实验液体在不同管道中的流动参数，从管材和液体两个角度详细对比分析了管道表面润湿性对流动阻力特性的影响，为后续研究工作打下基础。第 4 章应用量纲分析和 SPSS 回归分析，在上一章的基础上进一步建立了不同流态下管壁润湿性与摩阻系数的定量关系，验证了关系式的准确性，并讨论了水预润湿对液体流动阻力的影响。第 5 章应用流体力学基本理论，推导管道内流体的流速与滑移参量之间的关联式，揭示了润湿界面滑移流动减阻的本质。第 6 章采用 Fluent 软件，数值模拟了单相液体在圆管内不同流态下的流动特性，并分析了表观接触角和管径对液体管道滑移流动的影响。第 7 章利用前期研究结果验证了非金属管道摩阻出现反常现象的原因，并从提高管道输送能力角度提出了相应的对策与解决措施。第 8 章利用单因素和均匀设计实验，分析了影响润湿性的主要因素，建立了接触角预测模型。第 9 章引入分形理论，定量描述了疏水表面的微观形貌，分析了表面微观形貌对润湿性的影响规律。

本书获西安石油大学优秀学术著作出版基金资助出版，获陕西省自然科学基础研究计划项目（2019JQ－819）资助出版，获陕西省教育厅科研计划项目（20JS118）资助出版，在此表示衷心的感谢！同时，对参加相关研究的蒋华义教授、敬加强教授、梁爱国高工、魏爱军副教授、王玉龙老师、张亦翔以及刘梅等研究生表示诚挚的谢意！

由于作者水平有限，本书难免存在谬误与不足之处，敬请读者指正。

目　　录

第1章 润湿性理论基础

1.1 润湿性的概念

润湿是指在固体表面上一种液体取代另一种与之不相混溶流体的过程。因此，润湿作用必然涉及固、液、气三相。常见的润湿现象是固体表面上气体被液体取代的过程。

一般地，固体表面的润湿性通过液体在其表面的接触角来表征。将液滴放在一理想固体平面上，若有一相是气体，则接触角是气－液界面通过液体与固－液界面所夹的角[1,2]，用 θ 表示，如图 1－1 所示。其中，γ_{sg} 是固－气界面张力；γ_{sl} 是固－液界面张力；γ_{lg} 是液－气界面张力。

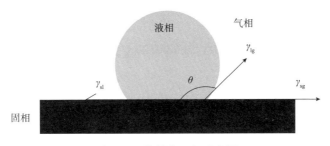

图 1－1　接触角三相示意图

通常，人们用接触角的大小来衡量固体表面的润湿性程度。接触角越小，表明固－液界面的润湿性越好；接触角越大，表明固－液界面非润湿性越好。当接触角 $\theta = 0°$ 时，表明液滴在固体表面上完全铺展开来，认为完全润湿界面；当接触角 $\theta = 180°$ 时，则认为液滴完全无法润湿该固体表面。

润湿状态主要分为以下几种，如图 1－2 所示。

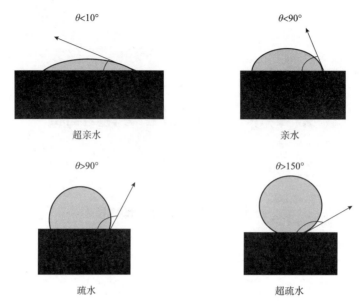

图 1 – 2　润湿状态示意图

当接触角 $\theta < 10°$时，固体表面称为超亲水表面[3-10]；

当接触角 $\theta < 90°$时，固体表面称为亲水性表面；

当接触角 $\theta > 90°$时，固体表面称为疏水性表面；

当接触角 $\theta > 150°$时，固体表面称为超疏水表面[11]。

1.2　润湿性的理论模型

很早之前，Young、Wenzel、Cassie 和 Baxter 等人就针对润湿性的模型开展了深入研究，提出了润湿性的三个经典理论模型[1,12,13]，分别为 Young 模型、Wenzel 模型以及 Cassie-Baxter 模型。

（1）Young 模型

19 世纪初期，物理学家 Young 对界面润湿开始了最早研究，假设固体表面是绝对光滑的，根据受力平衡提出了液滴在理想、光滑、均匀固体表面上的接触角模型，并用 Young's 方程来表示：

$$\cos\theta = \frac{\gamma_{sg} - \gamma_{sl}}{\gamma_{lg}} \qquad (1-1)$$

式中　θ——光滑表面的本征接触角，（°）；

γ_{sg}——固 – 气界面张力，mN/m；

γ_{sl}——固 – 液界面张力，mN/m；

γ_{lg}——液 – 气界面张力，mN/m。

Young's 方程是研究固体表面润湿性的基础，但其只是一个理想化模型，只适用于理想光滑的固体表面，这与实际情况存在较大误差。在现实生活中，固体表面都是非理想和光滑的，具有一定粗糙度，液体会进入凹凸不平的"孔洞""沟壑"中，其与固体和气体的实际接触面积大于理想表面，此时 Young's 方程不再适用。为了改进 Young's 方程的不足之处，研究者们针对表面粗糙度对固体表面润湿性的影响进行了深入的研究，提出了经典的 Wenzel 模型和 Cassie 模型。

（2）Wenzel 模型

Wenzel 采用"凹槽结构"来研究表面粗糙度对固体表面润湿性的影响，他认为固体表面上的液体可以完全填满粗糙表面上的凹槽，如图 1 – 3 所示，并引入固体表面粗糙度因子的概念，则 Young's 方程修正为：

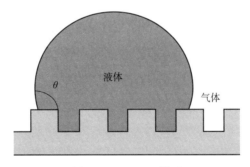

图 1 – 3　Wenzel 模型

$$\cos\theta_w = r\cos\theta \qquad (1-2)$$

式中　r——粗糙度因子；

　　　θ——光滑表面的本征接触角，(°)；

　　　θ_w——粗糙表面的表观接触角，(°)。

粗糙度因子 r 定义为：具有相同几何形状和尺寸的实际固体表面积与光滑固体表面积之比。一般情况下，实际固体表面积大于表观表面积，所以 r 值大于 1，r 越大，表面越粗糙。通过改变固体表面粗糙度，可以人为地调整表观接触角，让疏水（亲水）表面更疏水（亲水），从而达到改变固体表面润湿性的目的。

（3）Cassie-Baxter 模型

Wenzel 公式通过引入粗糙度因子修正了 Young's 方程，从而解释了粗糙表面本征接触角和表观接触角不同的原因，但此公式对于由不同类型的物质或材料组成的表面不适用。1944 年 Cassie 和 Baxter 提出复合表面的概念，进一步完善了 Wenzel 公式的不足之处。

Cassie 认为液滴和固体表面的接触由两部分组成：一部分是固体表面的凸起部分与液体的接触，而固体表面凹下去的部分往往会封闭一些空气，所以另一部分实际上是液体与空气的接触，如图 1 - 4 所示。Cassie 认为，此时固体表面所表现出的接触角因两种物质的不同而有所变化，可以通过式(1 - 3)计算：

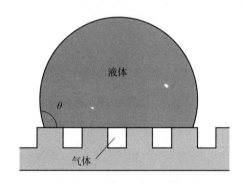

图 1 - 4　Cassie-Baxter 模型

$$\cos\theta_c = f_1\cos\theta_1 + f_2\cos\theta_2 \qquad (1-3)$$

式中　f_1——液体与固体接触的面积占总接触面积的比值；

　　　f_2——液体与空气接触的面积占总接触面积的比值；

　　　θ_1——液体与固体的本征接触角，(°)；

　　　θ_2——液体与空气的本征接触角，(°)；

　　　θ_c——粗糙表面的表观接触角，(°)。

由于液体与空气的接触角为180°，所以式(1 - 3)可简化为：

$$\cos\theta_c = f_1\cos\theta_1 - f_2 \qquad (1-4)$$

由于假设只存在两种成分，所以 $f_1 + f_2 = 1$，则式(1 - 4)变为：

$$\cos\theta_c = f_1\cos\theta_1 + f_1 - 1 \qquad (1-5)$$

根据公式(1 - 5)可知，当固体表面粗糙度较大的时候，固体表面的凹槽中会存留更多的空气介质，增加了液体与空气之间的接触面积，从而也就减小了液体与固体之间的接触面积，导致表观接触角会增大，使得固体表面的疏水性更好。

由 Wenzel 方程和 Cassie-Baxter 方程可知，固体表面的润湿性能主要与两个因素有关：一是固体表面固有的润湿性能，表现为本征接触角；二是固体表面的粗糙度因子。所以，通过在固体表面构建不同的微观结构可以得到不同润湿性的固体表面。

通常，当液体与固体表面的接触角小于90°时，液体易在固体表面铺展形成附着，从而使固体表面表现出一定的"黏附性"，此时 Wenzel 模型更加适用；但当液体与固体表面的接触角大于90°时，液滴易在固体表面滑落，固体表面显示出一定的"光滑性"，此时 Cassie-Baxter 模型更加适用。

1.3　润湿性的表征

1.3.1　接触角

一般地，固体表面的润湿性通过液体在其表面的接触角来表征。当液滴滴落于理想、光滑固体表面时，由于界面张力的存在，液滴并不能完全展开。由于固－液分子间的吸引会使体系总能量趋于最小，最终达到平衡。当体系达到平衡时，把气－液界面在液滴上的切线与固－液接触界面的水平线之间的夹角称为静态本征接触角。而实际固体表面并非理想表面，液滴在其上的接触角称为静态表观接触角 θ，简称为接触角。它的形成主要是由气、液、固三相之间界面的表面张力差异引起的。未特别说明，本书中接触角均指静态表观接触角。

1.3.2　滚动角

液体在表面的动态滚动行为也是评价表面润湿性的重要参数，一般用滚动角 α 来表征，其定义为：当表面倾斜时，液滴开始滚动时的倾斜角度[14,15]。滚动角大小与接触角滞后有关，真实固体表面由于表面粗糙、化学组成不均匀或受到污染等原因，实际固体表面的接触角并非 Young 方程、Wenzel 方程和 Cassie-Baxter 方程得出的唯一值，而是在相对稳定的两个角度之间变化，称为接触角滞后现象，其上限为前进角（θ_A），下限为后退角（θ_R），两者的差值即为接触角滞后[16]，如图 1-5 所示。接触角滞后代表了液滴从表面脱离的难易程度，滞后现象越严重，液滴越不容易滚动，滚动角越大。

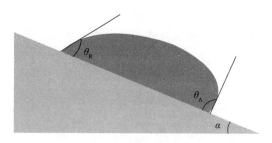

图 1 - 5   动态滚动角示意图

1.3.3   黏附功

黏附功是固 – 液间相互作用强弱的量度，是将接触的固体和液体自交界处拉开，外界所需做的最小功[17,18]。对于固 – 液界面，其黏附功可表示为：

$$W_a = \gamma_{sg} + \gamma_{lg} - \gamma_{sl} \qquad (1-6)$$

式中 W_a——黏附功，mJ/m^2。

而内聚功是指将纯液体拉开所做的功，液体的内聚功越大，将其分离产生新表面所需要的功也越大，其公式可表示为：

$$W_c = 2\gamma_{lg} \qquad (1-7)$$

式中 W_c——内聚功，mJ/m^2。

在光滑、理想、均质刚性固体表面上，液滴的平衡方程可用式（1 – 1）Young's 方程表示。将式（1 – 1）代入式（1 – 6）可得：

$$W_a = \gamma_{lg}(\cos\theta + 1) \qquad (1-8)$$

式（1 – 8）仅针对理想光滑表面，因此，对于实际的粗糙表面，对应黏附功为：

$$W_a = \gamma_{lg}(\cos\theta_1 + 1) \qquad (1-9)$$

式中 θ_1——固体表面的表观接触角。

显然，接触角越小，黏附功越大，则固体和液体结合越牢，液体对固体的润湿程度越强。故 W_a 值反映了固 – 液界面结合能力及两相分子间相互作用力的大小。

当 $\theta_1 = 0°$ 时，$W_a = 2\gamma_{lg}$，显然固 – 液界面的黏附功等于液体的内聚功，固 – 液分子间的吸引力等于液体分子间的吸引力，液体完全润湿固体；当 $\theta_1 =$

180°时，$W_a = 0$，黏附功为零，固 – 液分子间的吸引力为零，液体完全不润湿固体。当已知液体的表面张力和液体在固体表面的接触角时，可按照式（1 – 9）计算得到固 – 液界面的黏附功。

参考文献

［1］Young T. An essay on the cohesion of fluids［J］. Philosophical Transactions of the Royal Society of London, 1805, 95: 65 – 87.

［2］顾惕人，朱步瑶，李外郎，等. 表面化学［M］. 北京：科学出版社，2001.

［3］Wang L F, Zhao Y, Wang J M, et al. Ultra-fast spreading on superhydrophilic fibrous mesh with nanochannels［J］. Applied Surface Science, 2009, 255(9): 4944 – 4949.

［4］Kollias K, Wang H, Song Y, et al. Production of a superhydrophilic surface by aluminum-induced crystallization of amorphous silicon［J］. Nanotechnology, 2008, 19(46): 465304.

［5］Song S, Jing L Q, Li S D, et al. Superhydrophilic anatase TiO$_2$ film with the micro-and nanometer-scale hierarchical surface structure［J］. Materials Letters, 2008, 62(20): 3503 – 3505.

［6］Liu X M, Du X, He J H. Hierarchically structured porous films of silica hollow spheres via layer-by-layer assembly and their superhydrophilic and antifogging properties［J］. Chemphyschem A European Journal of Chemical Physics & Physical Chemistry, 2008, 9(2): 305 – 309.

［7］Wu Z Z, Lee D, Rubner M. Structural color in porous, superhydrophilic and self-cleaning SiO$_2$/TiO$_2$ bragg stacks［J］. Small, 2007, 3(9): 1459 – 1467.

［8］Tang K J, Wang X F, Yan W F, et al. Fabrication of superhydrophilic Cu$_2$O and CuO membranes［J］. Journal of Membrane Science, 2006, 286(1 – 2): 279 – 284.

［9］Zhong W B, Liu S M, Chen X H, et al. High-yield synthesis of superhydrophilic polypyrrole nanowire networks［J］. Macromolecules, 2006, 39(9): 3224 – 3230.

［10］Premkumar J R, Khoo S B. Electrochemically generated super-hydrophilic surfaces［J］. Chemical Communications, 2005, 36(5): 640 – 642.

［11］张泓筠. 超疏水表面微结构对其疏水性能的影响及应用［D］. 湘潭：湘潭大学，2013.

［12］Wenzel R N. Resistance of solid surfaces to wetting by water［J］. Transactions of the Faraday Society, 1936, 28(8): 988 – 994.

［13］Cassie A B D, Baxter S. Wettability of porous surfaces［J］. Transactions of the Faraday Society, 1944, 40: 546 – 551.

［14］He B, Lee J, Patankar N A. Contact angle hysteresis on rough hydrophobic surfaces［J］.

Colloids and Surfaces A, 2004, 248(1−3): 101−104.

[15]Feng R, Wu X, Xue Q. Profile characterization and temperature dependence of droplet control on textured surfaces[J]. Chinese Science Bulletin, 2011, 56(18): 1930−1934.

[16]秦亮. 亲/疏水表面上液滴接触角滞后的研究[D]. 大连：大连理工大学，2012：5−18.

[17]Girifalco L A, Good R J. A theory for the estimation of surface and interfacial energies. I. Derivation and application to interfacial tension[J]. Journal of Physical Chemistry, 1957, 61(7): 904−909.

[18]Nikolov A, Wasan D. Current opinion in superspreading mechanisms[J]. Advances in Colloid and Interface Science, 2015, 222: 517−529.

第2章　不同润湿性管道内的流动测试

2.1　实验平台的搭建

采用如图2-1和图2-2所示的室内小型循环管路实验平台来测试不同液体在具有不同润湿性管内的流动阻力。

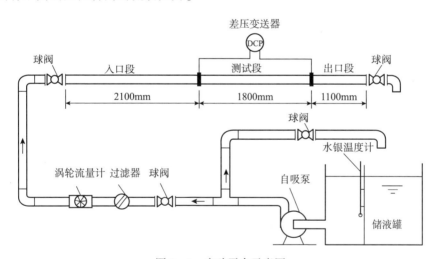

图2-1　实验平台示意图

该平台主要由实验管段、流量测量系统、压降测量系统、泵送系统四部分组成。具体流程：储液箱中的液体经过泵送系统进入到循环管路中，流经过滤器、流量计、实验管段后回流至储液箱中。

实验平台循环管路全长约13m，其中实验管段5m，内径14mm，壁厚3mm，其余均为同尺寸、等径的有机玻璃管。实验管段由2.1m入口稳定段、1.8m测试段和1.1m出口稳定段三部分组成。为得到充分发展的流动，层流条件下，起始

图 2 - 2　实验平台实物图

段长度一般满足 $L=0.058Re \cdot D$；紊流条件下，起始段长度满足 $L/D < 60$ 即可。经计算，实验管段选择在距入口测压点的 2.1m 作为入口段，足以消除入口效应对实验结果的影响。根据实验需求，管路中的 5m 实验管段可全部更换为不同材质等径的圆管。

　　循环管路中的流量测量系统主要由 TH - LWGY 型液体涡轮流量计、过滤器和球阀组成，如图 2 - 3 所示。通过控制管路以及分流回路中球阀的开度大小，来调节管路中液体的流量。为满足不同流态下测量精度的要求，采用两个不同量程的涡轮流量计 TH - LWGY/A DN4 和 TH - LWGY/A DN15 来测量管路中的流量，其测量范围分别为 $0.04 \sim 0.4m^3/h$、$0.4 \sim 8m^3/h$，测量精度均为 0.5 级。

图 2 - 3　TH - LWGY 型液体涡轮流量计

测试段两端的压降测量系统主要由 TH-3351 型差压变送器、水平直管段以及测压接头组成，如图 2-4 所示。差压变送器的测量量程为 0~10kPa，测量精度为 0.5 级。管路中测试段两端的测压孔径均为 2mm，在测压孔上各接一个长约 2cm、内径 2mm 的不锈钢接头。金属管测压接头与测压孔的连接采用氩弧焊，非金属管则采用 AB 胶。

图 2-4　TH-3351 型差压变送器及测压接头

循环管路中的泵送系统由 WZB35 单相漩涡式自吸泵和储液箱组成。泵的最大流量为 $3m^3/h$，功率为 0.37kW，转速和扬程分别为 2850r/min、35m。储液箱是由有机玻璃板制成，其中部设有挡板，挡板表面开有 9 个孔眼。实验过程中，回流的液体经过储液箱中挡板的孔眼排出，极大减弱循环管路中实验液体的波动。由于本实验均在室内完成，为减小温度变化对实验数据的影响，室内空调在实验过程中始终保持在 28℃。

实验步骤具体如下：

(1)按照实验平台示意图安装好实物图。为确保循环管路中的液体不会泄漏，也不会对液体的流动产生扰动，管路之间的连接除可拆卸的实验管段外，其余均采用塑料两通或三通接头配合密封带、AB 胶进行密封连接。此外，在 5m 实验管段的两端各安装 1 个塑料球阀，便于调节流量和更换不同材质的实验管段。

(2)校准仪表和调试管路。启泵前，先将实验液体灌满泵，打开所有阀门，然后接通电源，检查循环管路中有无漏气；若无漏气，则缓慢关闭分流回路中的阀门，排尽管路中的气体；最后关闭管路中的出口阀门，待管路中液体完全充满管道后，关闭流量计上游的阀门，同时停泵，检查此时流量表和差压变送器的示数，若不为零，调零。为了测试循环管路的重复性，室温下，测量自来水在玻璃管内不同流量下的差压，相同实验条件下重复 3 次实验，确保循环管路测量结果在一定误差范围内具有可重复性。

(3)开始实验并记录数据。将实验液体注入储液箱中，确保液位高度高于80%；提前设定室内空调温度恒定为28℃；打开所有阀门，接通电源，启动循环自吸泵；调节管内流量，每次调节流量后均需稳定 1 ~ 2min，待差压表读数稳定后再记录实验数据，每个流量下重复 3 ~ 4 次实验，压降取平均值；每组实验数据记录完毕，根据实验需求更换不同管材或不同液体，重复上述实验步骤。

2.2　不确定度分析

在管流实验参数的测量、计算过程中，由于仪器设备本身的系统误差、外界环境的干扰以及人为操作的变动性等因素，使得数据的测量值与真实值之间总是存在一定偏差。虽然可以利用增加测量次数或通过对引起测量偏差的因素进行修正、补偿，以提高测量值的精确度，但其结果仍然只是被测物理量的估计值。现阶段，学者们广泛采用不确定度(即测量结果可能出现的范围)来评价实验测试数据的优劣，不确定度越小，则表明测量值与真实值越接近，测量的质量越高，测量结果越可信。

对于直接测量的物理量 x，其真实值可表述为：

$$x = x(测量值) \pm \delta x \qquad (2-1)$$

式中　δx——不确定度。

对于间接测得的物理量 y，其真实值可表述为相互独立的直接测量物理量 x_1，x_2，x_3，$\cdots$，x_n 的函数：

$$y = f(x_1, x_2, x_3, \ldots x_n) \qquad (2-2)$$

则间接测量物理量 y 的不确定度可由式(2-3)计算得到：

$$\delta y = \sqrt{\sum_{i=1}^{n} \left(\frac{\partial f}{\partial x_i} \delta x_i \right)^2} \qquad (2-3)$$

式中　δx_i——直接测得物理量 x_i 的不确定度；

　　　i——物理量对应的序号。

流动实验中直接测量的物理量主要有：压差 Δp、流量 Q、密度 ρ、管径 d、管长 l、运动黏度 ν，间接测量的物理量为雷诺数 Re、摩阻系数 λ。

流动实验中的实验液体总共有 7 种，为满足全部实验液体的压降测量范围，选用量程为 10kPa 的差压变送器测量测试管段的压降，其精度为 0.5 级，因此，压降测量的相对不确定度为 0.5%。液体的流量采用两个不同量程的涡轮流量计进行测量，其精度均为 0.5 级，流量测量的相对不确定度为 0.5%。液体的密度采用比重瓶测量，相对不确定度为 0.1%。流体的运动黏度采用毛细管黏度计测量，由于液体黏度受温度影响较大，实验过程中温度的变化范围为 ±0.5℃，因此，液体黏度的相对不确定度约为 1%。管径采用数显游标卡尺进行测量，精度为 0.01mm，管径测量的相对不确定度为 0.7%；管长采用米尺进行测量，精度为 1mm，相对不确定度为 0.2%。

对于间接测量的雷诺数 Re、摩阻系数 λ，可以表述为相互独立的直接测量物理量的函数。

流体在水平等径均匀管道中稳定流动时，雷诺数定义为：

$$Re = \frac{\rho u d}{\mu} \qquad (2-4)$$

式中　μ——流体的动力黏度，Pa·s；

　　　u——流速，m/s；

　　　ρ——流体的密度，kg/m³；

　　　d——管径，m；

　　　Re——雷诺数。

其中，$u = 4Q/\pi d^2$，Q 为实验管段内的体积流量，m³/s。则式（2-4）可表述为：

$$Re = \frac{4Q}{\pi d \nu} \qquad (2-5)$$

根据达西公式，沿程水头损失常表述为：

$$h_{\mathrm{f}} = \lambda \frac{l}{d} \cdot \frac{u^2}{2g} \qquad (2-6)$$

当流体在水平等径均匀管道中稳定流动时，沿程阻力损失表现为压力降低。即

$$h_{\mathrm{f}} = \frac{\Delta p}{\rho g} \qquad (2-7)$$

因此，实测沿程摩阻系数 λ 为：

$$\lambda = \frac{\pi^2 d^5 \Delta p}{8\rho l Q^2} \qquad (2-8)$$

根据式(2-5)和式(2-8)，分别计算实验过程中雷诺数 Re 和摩阻系数 λ 的相对不确定度，其计算公式分别为：

$$\frac{\delta(\lambda)}{\lambda} = \sqrt{\left[\frac{\delta(\Delta p)}{\Delta p}\right]^2 + \left[\frac{2\delta(Q)}{Q}\right]^2 + \left[\frac{5\delta(d)}{d}\right]^2 + \left[\frac{\delta(\rho)}{\rho}\right]^2 + \left[\frac{\delta(l)}{l}\right]^2} \qquad (2-9)$$

$$\frac{\delta(Re)}{Re} = \sqrt{\left[\frac{\delta(Q)}{Q}\right]^2 + \left[\frac{\delta(d)}{d}\right]^2 + \left[\frac{\delta(\nu)}{\nu}\right]^2} \qquad (2-10)$$

流动实验中变量的相对不确定度如表2-1所示。

表2-1 流动实验中变量的相对不确定度

变量	Δp	Q	ρ	d	l	ν	Re	λ
相对不确定度/%	0.5	0.5	0.1	0.7	0.2	1.0	1.32	3.68

2.3 实验液体及性能

流动实验中的实验液体总共有7种，如表2-2所示。

表2-2 实验液体

液体名称	生产厂家
自来水	—
乙二醇	成都市科龙化工试剂厂
26#白油	陕西富绅工业设备有限公司
0#柴油	延长壳牌加油站
26#白油和0#柴油(体积比1∶9)	实验室配制
甘油和水(体积比1∶3)	天津市河东区红岩试剂厂；实验室配制
乙二醇和水(体积比1∶2)	实验室配制

2.3.1 流变特性

采用 Anton Paar 公司 Rheolab QC 流变仪及配套温控设备测试实验液体的流变曲线，如图2-5所示。液体的测试温度范围为22~32℃。

26#白油的流变曲线结果如图2-6所示。

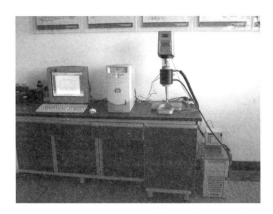

图 2 - 5　Rheolab QC 流变仪及配套温控设备

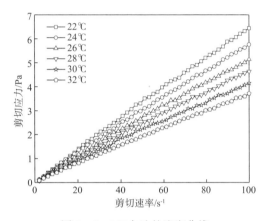

图 2 - 6　26#白油的流变曲线

采用牛顿模型拟合 26#白油的流变曲线，结果如表 2 - 3 所示。

表 2 - 3　26#白油的流变方程

温度/℃	牛顿模型	R^2
22	$\tau = 0.065\gamma$	0.998
24	$\tau = 0.058\gamma$	0.997
26	$\tau = 0.052\gamma$	0.996
28	$\tau = 0.047\gamma$	0.997
30	$\tau = 0.042\gamma$	0.996
32	$\tau = 0.037\gamma$	0.998

从表 2 - 3 可见，26#白油在 22 ~ 32℃温度范围内，采用牛顿模型拟合度约为

1。由于实验温度范围为(28±0.5)℃，所以在该范围内，白油的流变特性可以使用牛顿模型描述。

2.3.2 密度和黏度

依据 GB/T 13377—2010《原油和液体或固体石油产品　密度或相对密度的测定　毛细管塞比重瓶和带刻度双毛细管比重瓶法》，采用毛细管塞比重瓶，测定 7 种实验液体在 28℃时的密度。依据 GB/T 10247—2008《黏度测量方法》，采用平氏黏度计，测量 7 种实验液体在 28℃时的运动黏度，测量结果如表 2-4 所示。

表 2-4　实验液体的密度、运动黏度及表面张力(28℃)

液体名称	密度/(kg/m³)	运动黏度/(mm²/s)	表面张力/(mN/m)
自来水	995	0.915	70.13
乙二醇	1124	15.53	42.56
26#白油	855	56.70	29.45
0#柴油	818	3.350	26.03
白油和柴油(1:9)	820	3.902	26.12
甘油和水(1:3)	1083	2.262	49.86
乙二醇和水(1:2)	1052	2.529	56.84

2.3.3 液体表面张力

利用 JK99C 全自动张力仪(上海中晨数字设备有限公司)测量液体的表面张力，如图 2-7 所示，测量结果如表 2-4 所示。

图 2-7　JK99C 全自动张力仪

具体测量方法为：先将待测液体倒入玻璃皿内，开启外接 HH－2 数显恒温水浴精确控制测量温度；然后将白金环轻轻浸入液体内，在控制面板上输入待测液体对应测量温度下的密度值；最后将白金环慢慢往上提升，使得白金环下面形成一个液柱，并最终与白金环分离，面板上输出表面张力的值。白金环法就是去感测一个最高值，它形成于白金环与待测液体将离而未离时。每种液体的表面张力测两次，结果取平均值。

2.4　实验管段及性能

流动实验中选取 5 种有代表性的实验管段，如图 2－8 所示。实验管材从左到右依次为聚四氟乙烯(PTFE)、聚丙烯(PP)、有机玻璃、304 不锈钢和玻璃。

图 2－8　5 种实验管段

5 种实验管段的具体情况如表 2－5 所示。

表 2－5　实验管段具体参数

实验管段	管内径/m	管长/m	生产厂家
透明玻璃管	0.014	5.0	陕西天成化玻有限公司
304 不锈钢管	0.014	5.0	西安鸿兴不锈钢经销部
有机玻璃管	0.014	5.0	西安市鑫丰盛橡塑经销部
PP 管	0.014	5.0	西安市鑫丰盛橡塑经销部
PTFE 管	0.014	5.0	西安市鑫丰盛橡塑经销部

在流动阻力特性实验中，由于 5 种实验管段的管径较小，因此，为了减小管段曲率对接触角测量结果的影响，使试件表面更接近于平面，选用相同材质较大管径的管子来切取试件，每种材质制备 4 个试件，其几何尺寸约为 5mm × 5mm × 3mm。

将所有试件利用 KM – 108C 超声波清洗机(广州市科洁盟实验仪器有限公司)，采用丙酮、无水乙醇、蒸馏水超声处理后烘干，置于干燥皿中备用。

2.4.1 接触角

固 – 液界面间形成的接触角利用 JC2000D2 接触角测定仪(上海中晨数字设备有限公司)在室温下[(28 ± 0.5)℃]测定，如图 2 – 9 所示。

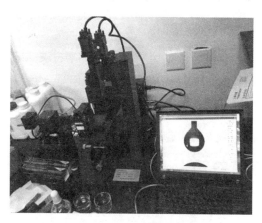

图 2 – 9   JC2000D2 接触角测定仪

为获得较为准确的接触角值，实验液滴体积均为 3μL，由微量进样器精确控制。具体测量方法为：先将实验液体装入微量进样器中，并固定到支架上，同时将待测试件固定在样品台上；然后接通电源，旋开光源，调节镜头，使软件屏幕中获得最清晰的图像；接着手动旋转进样系统，在针头上形成 3μL 的液滴，移动样品台使待测试件与液滴接触，再向下移动样品台，调节位置；最后采用五点拟合法计算固 – 液界面的接触角，每组界面重复测定 5 次，结果取平均值。根据测量结果，接触角的不确定度为 2°。

2.4.2 滚动角

液体在固体表面滚动角的测量主要通过 JC2000D2 接触角测定仪的 360°垂直

旋转样品平台来实现。

其测量方法为：预处理完待测试件后，先将待测试件用双面胶固定在旋转平台上，然后采用微量进样器将一定体积的液体滴在水平平台上，缓慢旋转平台，当试件表面倾斜到某一角度，放置在表面上的液滴刚好开始从表面滚落，此时试件表面与水平面间夹角作为滚动角。

由于实验液体种类较多，液体密度相差较大，因此在测量滚动角时，按液体种类分开选取液滴的体积。其中，自来水液滴体积取 30μL，乙二醇取 20μL，白油取 10μL，其余四种液体取 20μL。根据测量结果，滚动角的不确定度为1°。

2.4.3　黏附功

黏附功和内聚功分别依据本书第 1 章 1.3.3 节中的式(1 – 9)和式(1 – 7)进行计算。

2.4.4　表面能

采用 Owens 和 Wendt 等提出的二液法，测定固体表面能。固体的表面能可分为两部分：极性力部分 γ^p 以及色散力部分 γ^d。据液体的表面张力和表观接触角，可得：

$$\sqrt{\gamma_{sg}^{d}\gamma_{lg}^{d}} + \sqrt{\gamma_{sg}^{p}\gamma_{lg}^{p}} = \frac{(1 + \cos\theta)\gamma_{lg}}{2} \qquad (2 – 11)$$

式中　γ_{sg}^{d}——固 – 气界面的色散力，mJ/m^2；

γ_{lg}^{d}——液 – 气界面的色散力，mJ/m^2；

γ_{sg}^{p}——固 – 气界面的极性力，mJ/m^2；

γ_{lg}^{p}——液 – 气界面的极性力，mJ/m^2；

θ——固 – 液界面的表观接触角，(°)；

γ_{lg}——液 – 气界面的表面自由能，mJ/m^2。

若测得两次不同液体对同一固体表面的接触角以及两种液体的表面张力，解联立方程，即可得到固 – 气界面的色散力和极性力，进而得到固体的表面自由能。本章固体表面能的测试液体选取极性液体蒸馏水和非极性液体二碘甲烷。每个试件重复测量 5 次，每种固体的表面能取 20 组数据的平均值，结果如表 2 – 6 所示。

表2-6　实验管段的粗糙度和表面能

管段种类	内壁粗糙度/μm	表面能/(mJ/m²)
透明玻璃管	0.026	42.31
304 不锈钢管	3.216	40.38
有机玻璃管	0.100	44.32
PP 管	0.201	35.80
PTFE 管	1.027	17.45

2.4.5　表面粗糙度

采用 TR-200 手持式粗糙度仪(北京时代集团公司)测量固体表面的粗糙度，其测量范围为 $0.025 \sim 12.5\mu m$，如图 2-10 所示。该仪器可进行多参数测量(R_a、R_q、R_z、R_t、R_p、R_v、R_S、R_{Sm}、R_{Sk})，本文主要选取算术平均粗糙度 R_a 表征固体表面的粗糙程度。

具体测量方法为：测量前，先选定取样长度 L 为 0.8mm，评定长度为 $5L$，标准为 ISO，滤波方式为 RC；按下启动键开始测量，传感器的滑行轨迹必须垂直于试件表面的加工纹理方向，尽量使触针在中间位置进行测量，最后记录测量结果。

图 2-10　TR-200 手持式粗糙度仪

对于流动阻力特性实验中的 5 种实验管段，其表面粗糙度的测量直接在每种实验管段内表面上进行，进、出口不同位置各测 4 次，每种管段的粗糙度取 8 组数据的平均值，结果如表 2-6 所示。

2.4.6　表面形貌及元素

采用 JSM-6390A 型扫描电子显微镜(SEM)(日本电子株式会社)观察分析实验管材表面的微观形貌，相同条件下，借助 EDS 能谱测试管材表面的元素种类与含量，如图 2 - 11 所示。

图 2 - 11　JSM - 6390A 型扫描电子显微镜

在研究润湿性的影响因素实验中，借助扫描电子显微镜考察材料表面形貌及元素种类对润湿性的影响。对于非金属管材，在开始测试之前，先用导电胶带将待测试件固定在样品台上，对其表面进行喷金处理，增强其导电性。

第3章 润湿性对流动阻力特性的影响

3.1 概　述

润湿性是固体表面的重要特性之一。近年来，受昆虫翅鞘和植物叶片表面憎水性能的启发，具有特殊润湿性的疏水功能表面由于其独特的优点而被广泛关注[1]，尤其在流体流动减阻领域有着广阔的应用空间。已有研究表明，流体在管道内流动的阻力不仅与管壁粗糙度、雷诺数有关，而且与内壁材料的表面润湿性有关[2]。

陈毓年等[3]从微观角度对管壁与流体间相互作用的性质、大小做了深入的理论探讨，结果表明：用不润湿型表面作内壁的管路，在相同雷诺数下，随着接触角的增大，流体的摩阻系数明显减小；当管道内壁粗糙度相同时，流体在有镀层钢管内的流动阻力比无镀层时小20% ~40%，这些充分说明流体在管道输送中的摩阻损失与管壁的表面性质有很大的关系。孙海[4]开展了水在紫铜管、不锈钢管和碳钢管内的流动实验，结果证明：在雷诺数(Re)实验范围内，水在不锈钢管和紫铜管内流动的摩阻系数比碳钢管分别低0.60 ~ 1.14和0.80 ~ 1.32。张修刚等[5,6]实验研究了油水两相、油气水三相在相同内径水平有机玻璃管和钢管内流动的压降和摩阻，结果发现：在一定条件下，除管壁粗糙度影响液体的流动阻力外，管道表面的润湿性也是其中一个因素。蒋绿林等[7]采用水、7号机械油对憎液聚四氟乙烯表面的水力摩阻特性进行了试验研究。对工质水而言，当接触角为105°时，其减阻效果大约为12%；对7号机械油而言，当接触角为43°时，其减阻效果为6%左右。Watanabe等[8,9]证实了自来水、甘油水溶液和聚合物溶液在超疏水圆管表面内流动时出现了减阻现象。

姜桂林等[10,11]以3种不同管径改性处理过的超疏水微铜管为研究对象，通过建立的流动实验装置研究了去离子水在超疏水微管内的流动阻力。研究表明：在

实验 Re 范围内，水的摩阻系数最大降低了 29.08%，且影响程度随管径的增大而增大。王争闯等[12]研究了水在涂疏水材料聚氯乙烯管内的流动减阻效果，结果表明：水的流速随接触角的增大而线性增大。Dong 等[13]采用电化学沉积法制备的超疏水表面，其减阻效果可达 49.1%。卢思等[14,15]在制备的多尺度微纳米超疏水槽道内开展了流动阻力实验，结果发现：与普通表面相比，层流的流动阻力最大减小了 22.8%。Lyu 等[16,17]采用简单、低成本的方法制备了双尺度持久性的超疏水表面，循环水槽的实验结果揭示，在 $100000 < Re < 200000$ 范围内，摩擦阻力减小约 50%，并且当 Re 比较小时，减阻效果更好。Lv 等[18]研究了水在超疏水管道表面的流动阻力，当雷诺数为 3000～11000 时，获得了 8.3%～17.8% 的减阻效果。东北石油大学的韩洪升等[19]结合纳米微粒本身的表面效应，将管道内壁处理成疏油表面，与普通管道输送含水原油进行对比，实验发现：原油在改性处理后的管内流动时，沿程压降较小，输送原油的温度下限更低。Li 等[20]实验研究了去离子水在硅、玻璃和不锈钢 3 种材料微管内的摩擦阻力，结果表明：对于光滑的玻璃管和硅管，雷诺数与摩阻系数的乘积近似为 64，相反对于粗糙的不锈钢微管，泊肃叶数比 64 高约 15%～37%，这种现象与管道内壁粗糙度对层流不可压缩流体摩阻没有影响的结论相矛盾。

综上所述，现阶段的研究现状表明：疏水表面对流体的动力学行为影响显著，在某些条件下流体流动的边界滑移确实存在，可以显著减小流体流动的阻力和压降。然而，亲水表面是否对流动阻力产生影响仍存在争议。因此，本章以接触角、滚动角和黏附功评价管道表面的润湿性能，通过自主设计、加工、搭建的室内小型循环管路实验平台，分别从管材和液体两个方面考察管道表面润湿性对不同流态下液体流动阻力的影响，并从两个角度对比分析润湿性对流动阻力的影响程度。

3.2 液体与管壁的润湿性

3.2.1 相同液体与不同管壁

3.2.1.1 自来水

（1）接触角

室温下，采用 JC2000D2 接触角测定仪测量了自来水在 5 种管道表面的接触角，其照片如图 3 - 1 所示。

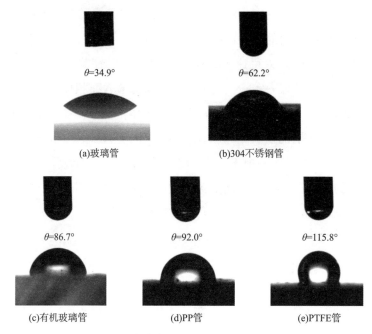

(a)玻璃管   (b)304不锈钢管

(c)有机玻璃管   (d)PP管   (e)PTFE管

图 3 - 1   自来水在 5 种管道表面的接触角

(2)滚动角

室温下，采用倾斜法测量了自来水在 5 种管道表面的滚动角，结果如图 3 - 2 所示。

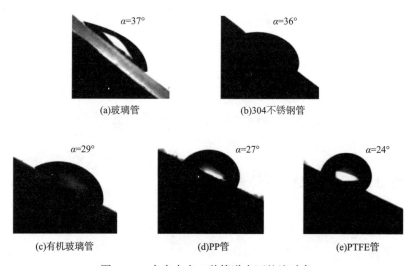

(a)玻璃管   (b)304不锈钢管

(c)有机玻璃管   (d)PP管   (e)PTFE管

图 3 - 2   自来水在 5 种管道表面的滚动角

由图 3 - 1 可见，自来水在 5 种管道表面的接触角从小到大依次为：玻璃管 < 304 不锈钢管 < 有机玻璃管 < PP 管 < PTFE 管。从图 3 - 2 可以看出，自来水在不同管道表面的滚动角与其对应接触角的顺序正好相反，接触角越大，滚动角越小，这说明此时液体越容易离开管道表面，发生滚动。

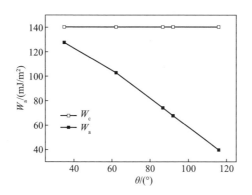

图 3 - 3　自来水与 5 种管的黏附功及内聚功

（3）黏附功

利用全自动张力仪测得自来水在 28℃ 的表面张力为 70.13mN/m，将其代入式（1 - 9）和式（1 - 7）中，分别计算了自来水与 5 种管的黏附功及自来水的内聚功，结果如图 3 - 3 所示。

3.2.1.2　乙二醇

（1）接触角

室温下，乙二醇在 4 种管道表面的接触角采用 JC2000D2 接触角测定仪测得，其照片如图 3 - 4 所示。

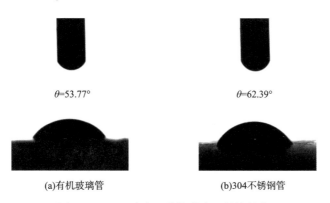

θ=53.77°　　　　　　　　　θ=62.39°

(a)有机玻璃管　　　　　　　　(b)304不锈钢管

图 3 - 4　乙二醇在 4 种管道表面的接触角

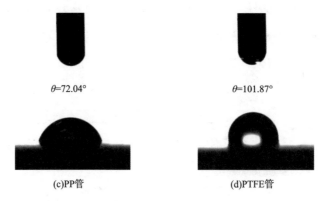

$\theta=72.04°$ $\theta=101.87°$

(c)PP管   (d)PTFE管

图 3 – 4 乙二醇在 4 种管道表面的接触角(续)

(2)滚动角

室温下,采用倾斜法测量了乙二醇在 4 种管道表面的滚动角,结果如图 3 – 5 所示。

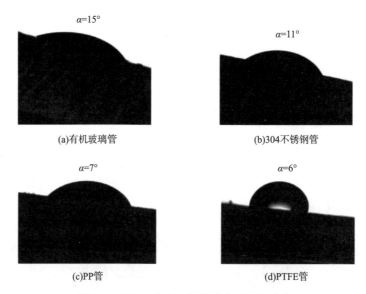

$\alpha=15°$ $\alpha=11°$

(a)有机玻璃管   (b)304不锈钢管

$\alpha=7°$ $\alpha=6°$

(c)PP管   (d)PTFE管

图 3 – 5 乙二醇在 4 种管道表面的滚动角

(3)黏附功

利用全自动张力仪测得乙二醇在 28℃的表面张力为 42.56mN/m,将其值代入式(1 –9)和式(1 –7)中,分别计算了乙二醇与 4 种管的黏附功及乙二醇的内聚功,结果如图 3 – 6 所示。

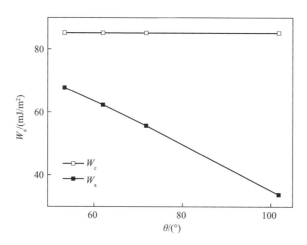

图 3－6　乙二醇与 4 种管的黏附功及内聚功

3.2.1.3　26#白油

（1）接触角

室温下，白油在 4 种管道表面的接触角采用 JC2000D2 接触角测定仪测得，其照片如图 3-7 所示。

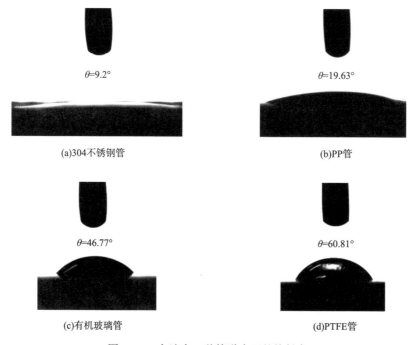

θ=9.2°

θ=19.63°

(a)304不锈钢管

(b)PP管

θ=46.77°

θ=60.81°

(c)有机玻璃管

(d)PTFE管

图 3-7　白油在 4 种管道表面的接触角

（2）滚动角

室温下，采用倾斜法测量了白油在 4 种管道表面的滚动角，结果如图 3 – 8 所示。

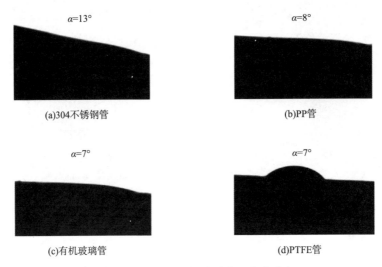

$\alpha=13°$ (a)304不锈钢管 $\alpha=8°$ (b)PP管

$\alpha=7°$ (c)有机玻璃管 $\alpha=7°$ (d)PTFE管

图 3 – 8 白油在 4 种管道表面的滚动角

（3）黏附功

利用全自动张力仪测得白油在 28℃ 的表面张力为 29.45mN/m，将其值代入式(1 – 9)和式(1 – 7)中，分别计算了白油与 4 种管的黏附功及白油的内聚功，结果如图 3 – 9 所示。

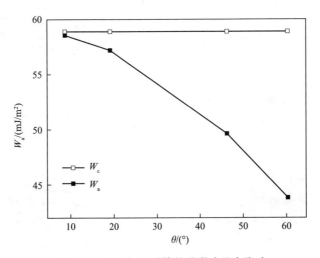

图 3 – 9 白油与 4 种管的黏附功及内聚功

3.2.2 不同液体与 PTFE 管壁

3.2.2.1 接触角

室温下，4 种液体在 PTFE 管道表面的接触角采用 JC2000D2 接触角测定仪测得，其照片如图 3 – 10 所示。

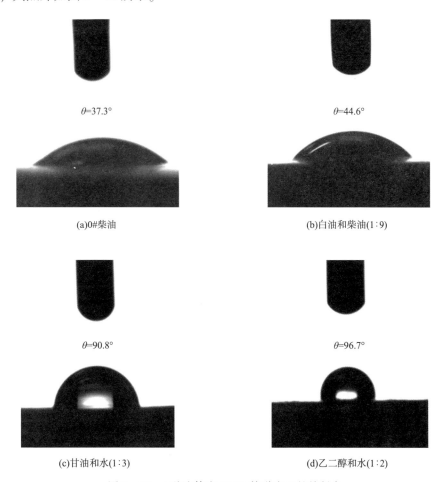

θ=37.3° θ=44.6°

(a)0#柴油   (b)白油和柴油(1:9)

θ=90.8° θ=96.7°

(c)甘油和水(1:3)   (d)乙二醇和水(1:2)

图 3 – 10 4 种液体在 PTFE 管道表面的接触角

3.2.2.2 滚动角

室温下，采用倾斜法测量了 4 种液体在 PTFE 管道表面的滚动角，结果如图 3 – 11 所示。

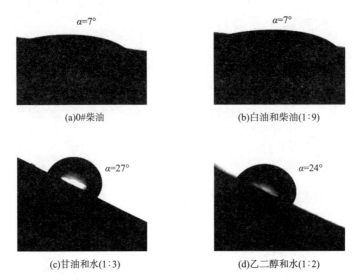

(a)0#柴油　　　　　　　　　　(b)白油和柴油(1∶9)

(c)甘油和水(1∶3)　　　　　　　(d)乙二醇和水(1∶2)

图3-11　4种液体在PTFE管道表面的滚动角

特别说明：与前3种液体在相同管道表面滚动角的规律不同的是，0#柴油、白油和柴油(1∶9)的接触角小，反而其滚动角也小。这可能是由于4种液体的密度差异较大，在测量滚动角时选取液滴的体积相同，从而造成液滴在斜面上受到的重力不同。因为0#柴油、白油和柴油(1∶9)的性质相近，因此滚动角也相近。

3.2.2.3　黏附功

利用全自动张力仪测得0#柴油、白油和柴油(1∶9)、甘油和水(1∶3)、乙二醇和水(1∶2)在28℃的表面张力分别为26.03mN/m、26.12mN/m、49.86mN/m、56.84mN/m，将其代入式(1-9)和式(1-7)中，分别计算了4种液体与PTFE管的黏附功及4种液体的内聚功，结果如图3-12所示。

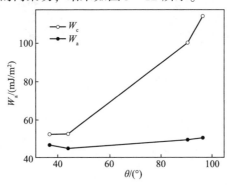

图3-12　4种液体与PTFE管的黏附功及内聚功

3.3 液体在管道内的阻力特性

3.3.1 流量与压降关系

3.3.1.1 自来水

基于小型循环管路实验平台，测量了自来水在 5 种管内流动的流量和压降，实验结果如图 3-13 所示。

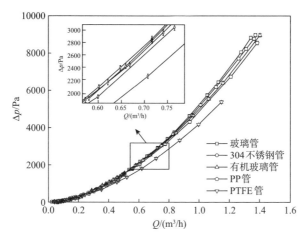

图 3-13 自来水在 5 种管内流动的流量-压降曲线

从图 3-13 中可以看出，尽管每种管道的压降随流量变化趋势相同，但不同管道的流量-压降曲线有规律地分开，这在一定程度上说明管道表面性质对自来水的压降产生了一定影响。相同流量下，自来水在不同管道内的压降从小到大依次为 PTFE 管、PP 管、有机玻璃管、304 不锈钢管、玻璃管。由图 3-1 自来水在管壁的润湿性可知，5 种管表面的接触角从大到小依次为：PTFE 管（115.8°）> PP 管（92.0°）> 有机玻璃管（86.7°）> 304 不锈钢管（62.2°）> 玻璃管（34.9°）。由于 PTFE 管和 PP 管表面的接触角大于 90°，被划分为疏水表面，其余均为亲水表面。由图 3-2 可知，玻璃管表面的滚动角为 37°，而 PTFE 管表面的滚动角仅有 24°。由此可见，相同流量下，固-液界面接触角越大，滚动角越小，液体在管道内的压降越小，且疏水管对于压降的降低程度远大于亲水管。例如，当 $Q = 0.45\text{m}^3/\text{h}$ 时，自来水在玻璃管、304 不锈钢管、有机玻璃管、PP 管和 PTFE 管的压降分别为 1317Pa、1305Pa、1267Pa、1142Pa、1063Pa，其他 4 种管道的压降相比玻璃管依次降低了 0.91%、3.80%、13.29%、19.29%。

3.3.1.2 乙二醇

基于小型循环管路实验平台，测量了乙二醇在 4 种管内流动的流量和压降，结果如图 3 - 14 所示。

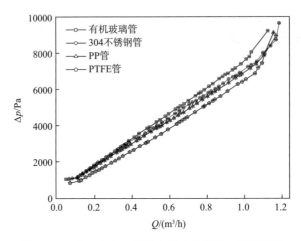

图 3 - 14　乙二醇在 4 种管内流动的流量 - 压降曲线

从图 3 - 14 可以看出，乙二醇在不同管道内层流流动的流量 - 压降曲线各自分开，反映出管道材质对于乙二醇压降也产生了一定影响。在相同流量下，乙二醇在 4 种管内的压降从大到小依次为：有机玻璃管 > 304 不锈钢管 > PP 管 > PTFE 管。而图 3 - 4 显示，乙二醇在 4 种管道表面的接触角从小到大依次为：有机玻璃管（53.77°）< 304 不锈钢管（62.39°）< PP 管（72.04°）< PTFE 管（101.87°）。从图 3 - 5 可以看出，4 种管道表面的接触角越大，对应其滚动角越小。由此可见，管道表面的润湿性与液体在管内流动的压降有一定关联，固 - 液界面接触角越大，滚动角越小，液体的压降越小，且疏水的 PTFE 管比其他 3 种亲水管降低压降的能力更高些。比如，当 $Q = 0.53 \text{m}^3/\text{h}$ 时，乙二醇在有机玻璃管、304 不锈钢管、PP 管和 PTFE 管的压降分别为 4203Pa、3994Pa、3855Pa、3361Pa，其他 3 种管道的压降相比有机玻璃管依次降低了 4.97%、8.28%、20.03%。又比如，当 $Q = 0.83 \text{m}^3/\text{h}$ 时，乙二醇在 4 种管内的压降分别为 6311Pa、5901Pa、5760Pa、5361Pa，其他种管道的压降相比有机玻璃管依次降低了 6.50%、8.73%、15.05%。

3.3.1.3　26#白油

基于小型循环管路实验平台，测量了白油在 4 种管内的流量和压降，结果如图 3 – 15 所示。

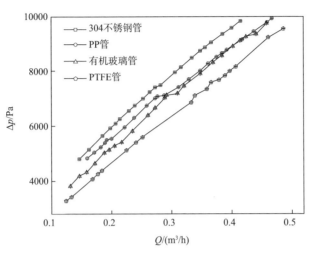

图 3 – 15　白油在 4 种管内流动的流量 – 压降曲线

由图 3 – 15 可知，白油在 4 种管内层流流动的流量 – 压降曲线有规律地分开，这说明管道材质也对白油流动的压降产生了影响。在相同流量下，白油在不同管内流动的压降从大到小依次为：304 不锈钢管 > PP 管 > 有机玻璃管 > PTFE 管。如图 3 – 7 和图 3 – 8 所示，白油在不同管道表面的接触角从小到大的顺序为：304 不锈钢管 < PP 管 < 有机玻璃管 < PTFE 管，而其滚动角的顺序则恰恰相反。由此可见，白油在管内的压降随管道表面接触角的增大而减小，随滚动角的减小而减小。尽管白油在 4 种管道表面的接触角均小于 90°，属于亲油表面，但管道表面润湿性对压降的作用仍无法被忽略。例如，当白油 $Q = 0.18\text{m}^3/\text{h}$ 时，白油在 304 不锈钢管、PP 管、有机玻璃管和 PTFE 管的压降分别为 5681Pa、5251Pa、5046Pa、4391Pa，其他 3 种管的压降相比 304 不锈钢管依次降低了 7.57%、11.18%、22.7%。随着流量的增大，白油在 4 种管道内压降的降低程度变小了，即润湿性的作用减弱了。又比如，当流量增大到 0.385m³/h 时，白油在 4 种管的压降分别为 9416Pa、8711Pa、8620Pa、7874Pa，其他 3 种管的压降相比 304 不锈钢管依次仅降低了 7.49%、8.45%、16.38%。

3.3.2 雷诺数与摩阻系数关系

3.3.2.1 自来水

根据自来水在 5 种管内流动的流量和压降, 经式(2-5)计算可得到自来水在 5 种管内流动的雷诺数范围($6 \times 10^2 \sim 3.8 \times 10^4$)。基于 5 种管道表面粗糙度的测量结果, 得到紊流水力光滑区与过渡区划分的最小临界雷诺数(3.9×10^5)。由此可见, 自来水在 5 种管内流动的流态均为层流或紊流的水力光滑区, 根据达西公式, 两种流态下的理论摩阻系数计算公式分别为 $64/Re$、$0.3164/Re^{0.25}$。依据经典流体力学理论, 流体在这两种流态下的摩阻系数与管道表面粗糙度近似无关。基于测量结果, 计算了自来水在 5 种管内的理论摩阻系数和实测摩阻系数, 并以摩阻系数实测值偏离理论值的程度作为评判依据, 讨论润湿性对摩阻系数的影响, 结果如图 3-16 所示。

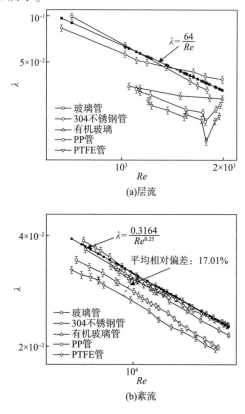

图 3-16　自来水在 5 种管的雷诺数 - 摩阻系数曲线

图 3-16 表明，无论层流还是紊流，自来水在不同管内流动的摩阻系数实测值与理论值均有一定差异，其中差距较大的是疏水管道。对于层流的玻璃管和 304 不锈钢管来说，摩阻系数实测值与理论值的平均相对偏差分别为 7.95%、10.57%。如果不可避免的实验误差和计算误差可能覆盖了两者之间的偏差，那么对于有机玻璃管，层流 29.50% 的平均相对偏差难以被忽略。对于 PTFE 管，层流两者的最大相对偏差更是达到了 59.27%。对于紊流的玻璃管、304 不锈钢管和有机玻璃管，摩阻系数实测值与理论计算值基本吻合，其两者之间的平均相对偏差分别为 0.93%、2.24%、4.18%。这从侧面说明经典流体力学的理论公式是建立在流体相对润湿管壁的基础上，另外也反映出循环管路实验平台具有一定的可靠性。对于 PTFE 管，尽管紊流摩阻系数实测值与理论值的最大相对偏差不如层流，但也达到了 18.54%。依据经典流体力学理论，流体的摩阻系数仅与雷诺数和管道表面的相对粗糙度有关，与管道表面的其他物理化学性质无关。但实验结果却表明：相同雷诺数下，同种液体在不同种类管中流动的摩阻系数随接触角的增大而减小，随滚动角的减小而减小，且层流比紊流减小得更多，表面润湿性对疏水管道的影响程度远大于亲水管道。

3.3.2.2　乙二醇

根据乙二醇在不同管内流动的流量和压降，计算了其在 4 种管内流动的雷诺数范围(200~2000)和实测摩阻系数。根据经典流体力学理论，流体在层流流动的水力摩阻系数与管道表面粗糙度无关，层流理论沿程摩阻系数的计算公式为 $64/Re$。本节将乙二醇在 4 种管内层流流动的实测摩阻系数与理论摩阻系数进行了对比，分析了润湿性对摩阻系数的影响，结果如图 3-17 所示。

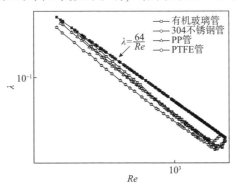

图 3-17　乙二醇在 4 种管内的雷诺数-摩阻系数曲线

由此可见，相同雷诺数下，4 种管内的实测摩阻系数随接触角的增大而减小，且随着雷诺数的增大，4 种管内的摩阻系数实测值与理论值的差距逐渐拉大。对于有机玻璃管、304 不锈钢管和 PP 管，3 种管道实测摩阻系数的差别较小，与理论值的平均相对偏差分别为 17.90%、18.80% 和 20.36%。对于 PTFE 管，两者的最大相对偏差达到了 32.05%。因此，在其他条件相同的前提下，管道材质的更换确实对流动阻力产生了一定影响。这可能是由于乙二醇的表面张力比自来水小，换句话说，乙二醇分子之间相互的吸引力比水分子小，对于相同的 4 种管道表面，乙二醇在管内流动时，乙二醇更容易黏附、润湿管壁。随着流速的增大，管壁黏附的液体被冲刷掉一部分，可能导致了实测摩阻系数的减小。

3.3.2.3　26#白油

根据白油在 4 种管内流动的流量和压降，分别计算了白油在 4 种管内流动的雷诺数（50 ~ 230）和实测摩阻系数。根据经典流体力学理论，流体在层流流动的水力摩阻系数与管道表面粗糙度无关，层流理论沿程摩阻系数的计算公式为 64/Re。本节将白油在 4 种管内流动的实测摩阻系数与理论摩阻系数进行了对比，分析了润湿性对摩阻系数的影响，结果如图 3 – 18 所示。

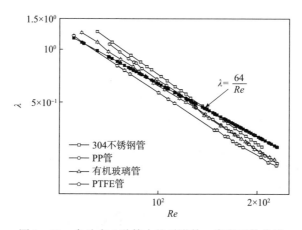

图 3 – 18　白油在 4 种管内的雷诺数 – 摩阻系数曲线

图 3 – 18 显示，对于黏度较大的白油，其在 4 种管内的摩阻系数曲线仍有规律地分开，再次证实了管道表面润湿性对黏度较大液体流动阻力也会产生影响。相同雷诺数下，白油在 4 种管内的摩阻系数随接触角的增大而减小，这也与自来水、乙二醇呈现的规律一致。在 4 种管中，相同雷诺数下 PTFE 管的摩阻系数最

小，与理论摩阻系数的最大相对偏差达到 23.10%，平均相对偏差也达到
15.04%。但对于白油来说，随着雷诺数的增大，4 种管内实测摩阻系数之间的
差距越来越小。并且，当雷诺数较小时，除 PTFE 管外，其他 3 种管内实测摩阻
系数均大于理论摩阻系数，呈现出增阻现象。造成这种现象的原因可能是由于白
油具有较低的表面张力(29.45mN/m)，对于除 PTFE 管外的其他 3 种管，白油分
子之间相互的吸引力小于白油和 3 种管壁之间的相互吸引力，因此，白油容易黏
附、润湿管壁，不易产生滑移现象，从而增大了液固接触产生的流动阻力。但随
着流速的增大，管壁黏附的液体被冲刷掉一部分，可能导致了实测摩阻系数的
减小。

3.3.2.4　PTFE 管

根据 4 种液体在 PTFE 管内流动的流量和压降，经式(2 - 5)计算可得到 4 种
液体在 PTFE 管内流动的雷诺数范围($4.5 \times 10^2 \sim 1.6 \times 10^4$)。基于 PTFE 管表面
粗糙度的测量结果，得到紊流水力光滑区与过渡区划分的临界雷诺数(1.4×10^6)。由此可见，4 种液体在 PTFE 管内流动的流态均为层流或紊流的水力光滑
区，两种流态下的理论摩阻系数计算公式分别为 $64/Re$、$0.3164/Re^{0.25}$。本节根
据式(2 - 8)分别计算了不同流态下 4 种液体在 PTFE 管内的实测摩阻系数，对比
了其与理论摩阻系数的相对偏差，分析了润湿性对摩阻系数的影响，结果如
图 3 - 19 所示。

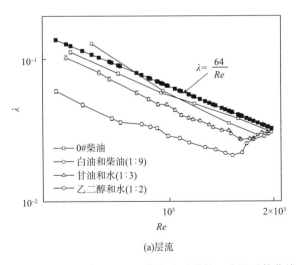

(a)层流

图 3 - 19　4 种液体在 PTFE 管内的雷诺数 - 摩阻系数曲线

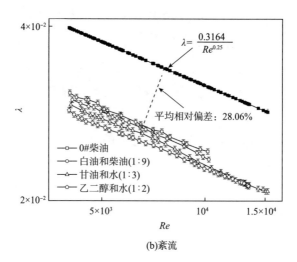

(b)紊流

图 3 - 19　4 种液体在 PTFE 管内的雷诺数 - 摩阻系数曲线(续)

从图 3 - 19 可以看出,对于同一种 PTFE 管,无论层流还是紊流,不同液体的实测摩阻系数曲线均不同程度地偏离理论摩阻系数曲线,且 4 种液体摩阻系数实测值仍有规律地分开,这又从液体角度证实了固 - 液界面润湿性对流动阻力产生了一定影响。

与自来水、乙二醇、白油分别在不同管道内的流动规律类似,相同雷诺数下,4 种液体在相同管道内的摩阻系数随接触角的增大而减小,层流比紊流减小得更多。由于润湿性的形成主要是由气、液、固三相之间界面的表面张力差异引起的,因此润湿性不仅与管材表面性质有关,而且与液体性质也有关。尽管 4 种液体的运动黏度差距很小,但它们的表面张力却相差较大,正是液体表面张力的变化引起固 - 液界面接触角的变化,从而影响了液体在管道内的流动阻力。从图 3 - 10 可知,甘油和水(1∶3)、乙二醇和水(1∶2)在 PTFE 管表面的接触角大于 90°,两者层流摩阻系数实测值与理论值的平均相对偏差分别达到 26.70%、46.96%,相比接触角较小的 0#柴油、白油和柴油(1∶9),其平均相对偏差分别达到 16.44%、9.71%,润湿性的作用已经完全体现出来,这也与两种液体在 PTFE 管道表面较小的滚动角密不可分。相比,在紊流条件下,4 种液体摩阻系数实测值与理论值的平均相对偏差差异较小,分别为 22.81%(0#柴油)、24.32%[白油和柴油(1∶9)]、26.55%[甘油和水(1∶3)]、28.06%[乙二醇和水(1∶2)]。

3.3.3 雷诺数与泊肃叶数关系

3.3.3.1 自来水

除摩阻系数外，通常也用泊肃叶数来表征管道内流动阻力的大小。泊肃叶数 Po 的定义为流体摩阻系数 λ 与雷诺数 Re 的乘积。Po 随 Re 的变化关系能够直接体现出流体流动过程中摩擦阻力的大小。泊肃叶数 Po 越大，表明流动阻力越大。对于一定几何尺寸的圆管，层流泊肃叶数等于恒定的常数 64。根据其定义，分别计算了自来水在 5 种管内层流和紊流的泊肃叶数，结果如图 3-20 所示。

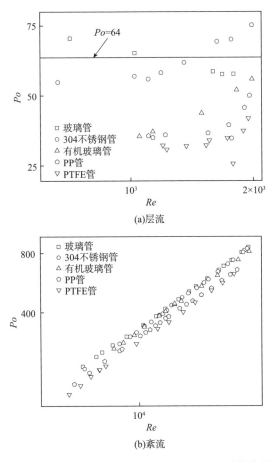

(a)层流

(b)紊流

图 3-20 自来水在 5 种管的雷诺数-泊肃叶数曲线

从图 3-20(a)可以看出，自来水在 5 种管内的泊肃叶数不是固定值，相同雷诺数下，Po 随接触角的增大而减小。对于较亲水的玻璃管和 304 不锈钢管，

Po 随 Re 的波动范围较小（55~75），与理论值 $Po=64$ 较接近，这说明接触角较小时，表面润湿性对泊肃叶数的影响较小。而对于疏水的 PP 管和 PTFE 管，泊肃叶数实验值远小于理论值，这说明自来水在疏水管道内的流动阻力较小，这也与自来水在两种管道表面较小的滚动角相符。随着 Re 的增加，两种管的 Po 先减小而后趋于平缓，当达到临界雷诺数时才逐渐增大。这反映出雷诺数较小时，自来水在疏水管道内的泊肃叶数减小程度远大于雷诺数较大的情况。图 3-20(b) 显示，紊流条件下，5 种管内的泊肃叶数随雷诺数的增大而增大，基本成线性关系。相同雷诺数下，接触角越大，滚动角越小，泊肃叶数越小，说明流动阻力越小。

3.3.3.2　乙二醇

根据泊肃叶数 Po 的定义，分别计算了乙二醇在 4 种管内的泊肃叶数，结果如图 3-21 所示。

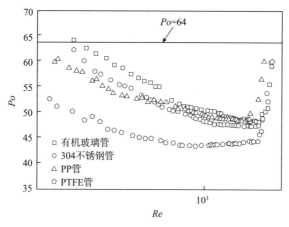

图 3-21　乙二醇在 4 种管内的雷诺数 - 泊肃叶数曲线

从图 3-21 总体来看，乙二醇与管道表面的润湿性对 4 种管道的泊肃叶数均产生了不同程度的影响。相同雷诺数下，乙二醇在疏液的 PTFE 管内的泊肃叶数 Po 远低于其他 3 种管道，这说明乙二醇在 PTFE 管内的流动阻力较其他 3 种都小，润湿性对疏液管泊肃叶数的影响远大于亲液管，这也与乙二醇在 PTFE 管内的雷诺数和摩阻系数曲线规律一致。此外，亲液的有机玻璃管、304 不锈钢管和 PP 管之间的泊肃叶数差距随雷诺数的增大而减小，这说明雷诺数越大，润湿性对 3 种管内流动阻力的影响越小，这与较大的管道压力密不可分。

3.3.3.3　26#白油

根据泊肃叶数 Po 的定义，分别计算了白油在 4 种管内的泊肃叶数，结果如图 3 - 22 所示。

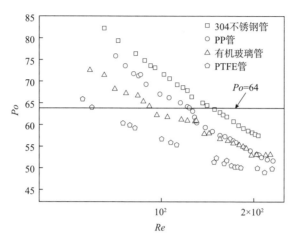

图 3 - 22　白油在 4 种管内的雷诺数 - 泊肃叶数曲线

由图 3 - 22 可以看出，与自来水、乙二醇类似，白油在 4 种管内的泊肃叶数随雷诺数的增大逐渐减小，基本上呈线性变化关系。相同雷诺数下，4 种管内泊肃叶数之间的差距随雷诺数的增大逐渐缩小，且接触角越大，泊肃叶数越小。与自来水、乙二醇不同的是，当雷诺数较小时，除 PTFE 管个别点外，其他 3 种管内的泊肃叶数 Po 均大于理论值 64，这说明雷诺数较小时，白油在 4 种管内的流动阻力较大，随着雷诺数的增大，4 种管内的泊肃叶数 Po 才逐渐小于理论值 64，表现出较小的流动阻力。同样，白油在 PTFE 管表面的接触角较其他 3 种大，因而表现出较小的泊肃叶数。

3.3.3.4　PTFE 管

根据泊肃叶数 Po 的定义，分别计算了 4 种液体在 PTFE 管内层流和紊流的泊肃叶数，结果如图 3 - 23 所示。

图 3 - 23 显示，相同雷诺数下，4 种液体的泊肃叶数随接触角的增大逐渐减小。层流条件下，除个别点外，4 种液体的泊肃叶数均小于理论值 64，且 4 种液体泊肃叶数之间的差距较紊流条件下大得多，说明同一种管道内雷诺数较小时液体的流动阻力较小。对于 0#柴油、白油和柴油（1∶9）两种液体，它们层流的泊肃叶数大部分集中在 50～60，与理论值 64 接近。随着接触角的增大，乙二醇和

水(1:2)层流的泊肃叶数已完全偏离理论值64，同理，紊流条件下，乙二醇和水(1:2)的泊肃叶数在4种液体中也是最小的，这充分体现了表面润湿性对乙二醇和水(1:2)流动阻力的影响。

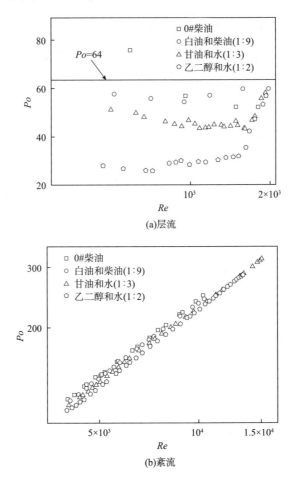

(a)层流

(b)紊流

图 3 – 23 4 种液体在 PTFE 管内的雷诺数 – 泊肃叶数曲线

3.4 润湿性与摩阻系数的关系

3.4.1 从管材表面角度

3.4.1.1 自来水

根据自来水在 5 种管内的流动数据，绘制了相同雷诺数下摩阻系数随接触角的变化曲线，结果如图 3 – 24 所示。

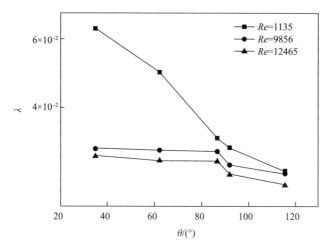

图 3 – 24 自来水摩阻系数随接触角的变化曲线

图 3 – 24 更加清晰直观地反映接触角对摩阻系数的影响，即随着接触角的增大，摩阻系数不断减小。对于紊流亲水的玻璃管、304 不锈钢管和有机玻璃管，从图中可知，相同雷诺数下，接触角的变化对摩阻系数的影响较小。当接触角从 34.9°增加到 86.7°时，对应摩阻系数仅减小了 1.55%（$Re = 9856$）、3%（$Re = 12465$）。与不可避免的实验误差相比，摩阻系数的微小变化几乎可以忽略。但对于紊流疏水的 PP 管和 PTFE 管，接触角对摩阻系数的影响比较明显。当接触角从 86.7°增加到 115.8°时，对应摩阻系数分别减少为 12.37%（$Re = 9856$）、13.24%（$Re = 12465$）。由此可见，对于疏水管，表面润湿性对摩阻系数的影响程度大于亲水管。

造成这种现象的原因可以从管道表面的微观几何形貌和固 – 液界面之间的黏附功分别进行解释。一方面，PTFE 管表面上分布着许多近似圆形的微纳米尺度突起颗粒，这增加了固体表面的空隙，为疏水表面提供了充分的粗糙度（1.027μm）。当液体滴在表面上，正是这些微纳米结构减少了两者之间的接触面积，保留了更多的空气，阻止水浸入空隙中，这就使得固 – 液界面的接触转换为气 – 液和固 – 液界面的接触，大大减小了液体的流动阻力。由于玻璃管表面的粗糙度（0.026μm）较小，表面较平整，而 304 不锈钢管的表面粗糙度（3.216μm）又较大，均很难形成较大的接触角，难以产生滑移现象。由此可见，合适的表面粗糙度以及几何形貌才能达到较好的减阻效果。另一方面,许多研究证实液体能否在固体壁面上发生"滑移",取决于固体表面能否被液体润湿,从微观角度来说,取决于液体的内聚功和液体同固体壁面黏附功的差值,差值越大越不易被液体润湿。他们指出表面能的形成,实质上是由在两相界面上液相分子所处的状态与固相内部不同引起的。在固相内部,分子受到四周分子对称的作用力,彼此互相抵消。而固相表面,分子不仅受到固相内部分子的作用,而且还受到液相分子的作用,这两种不同的作用力产生了不同的表面能[21]。当液体滴在固体表面上,在某些固体表面液滴会立即铺展,但大部分的液滴会固聚成凸透镜状。由图 3 - 3 可知,自来水的内聚功为 $140.62mJ/m^2$,其与 5 种管的黏附功均小于自身的内聚功,因此,自来水在 5 种管表面均形成如图 3 - 1 所示凸透镜状的液滴。对于自来水,同种液体的内聚功是一定的,与其他管道相比,自来水与玻璃管表面的黏附功最大,与内聚功的差值最小,因而自来水在玻璃表面的接触角较小,与其表面的结合能力强,不易产生滑移现象,摩阻系数较大。相反,对于 PTFE 管,自来水与其表面的黏附功低至 $39.61mJ/m^2$,与水的内聚功相差最大。这说明水对 PTFE 表面的相互吸引力小于水自身的相互吸引力,因而水不容易在 PTFE 表面铺展,形成的接触角较大,容易产生滑移现象,使得液固接触产生的阻力较小。

相比紊流,层流条件下,当 $Re = 1135$ 时,接触角对摩阻系数的影响更加明显。这是因为随着雷诺数的增大,流速随之变大,较大的压力将近壁面的液体压入固体表面的沟槽或空隙中,使得空气垫作用减弱或者消失,弱化了滑移减阻效应[22]。相比紊流的 3 种亲水管,自来水在有机玻璃管内层流的摩阻系数减少程度远大于紊流。这可能是由于自来水在有机玻璃管表面的接触角为 86.7°,处于润湿与不润湿的边缘,一部分水浸入有机玻璃表面的沟槽中,增加了固 - 液接触的面积;一部分水由于固体表面的几何形貌与之形成气垫,减小了固 - 液之间的接触,增加了壁面的滑移,显然较多的不润湿成分使得有机玻璃管在层流时表现出一定的减阻效果。

3.4.1.2 乙二醇

根据乙二醇在 4 种管内流动的实验数据,绘制了相同雷诺数下摩阻系数随接触角的变化曲线,结果如图 3 - 25 所示。

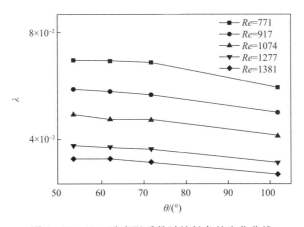

图 3 – 25　乙二醇摩阻系数随接触角的变化曲线

图 3 – 25 更加清晰地说明：相同雷诺数下，亲液管道表面润湿性对摩阻系数的影响非常小，而疏液管道表面影响较大。当 $Re = 771$ 时，接触角从 53.77°增加到 72.04°，增加了 33.98%，但相应摩阻系数从 0.06682 减小到 0.06589，仅减小了 1.39%。同样，当 $Re = 917$ 时，增加相同幅度的接触角，对应摩阻系数减小了 3.52%。然而当 $Re = 1381$，接触角从 53.77°增加到 62.39°时，相应摩阻系数出现略微增大现象。这可能是由于摩阻系数计算过程中，各参数的保留位数不同造成计算误差，相比接触角变化的幅度，0.056% 的摩阻系数增大幅度几乎可以忽略。因此，整体看来，亲液管道摩阻系数变化的幅度远不如接触角增加的幅度，可以近似认为，亲液管道表面的润湿性对摩阻系数无影响。

对于疏液的 PTFE 管，乙二醇在其表面的接触角为 101.87°。当接触角从 72.04°增加到 101.87°，$Re = 1381$ 时，摩阻系数最少减小了 7.56%；当 $Re = 771$ 时，相应摩阻系数最多减小了 14.96%。由此可见，对于疏液管道，表面润湿性确实减小了流动的摩擦阻力。这是因为对于同一种乙二醇液体，其内聚功均为 85.12mJ/m²。由图 3 – 6 可知，黏附值反映了固 – 液界面的结合能力以及两相分子间相互作用力的大小，乙二醇与 4 种管的黏附功从大到小依次为：有机玻璃管（67.71mJ/m²）> 304 不锈钢管（62.28mJ/m²）> PP 管（55.68mJ/m²）> PTFE 管（33.81mJ/m²）。由此看来，乙二醇的内聚功与 PTFE 表面的黏附功差值最大，说明乙二醇与 PTFE 管表面的结合能力较弱，乙二醇对 PTFE 管壁的润湿程度较小。因此，当乙二醇在 PTFE 管内流动时，容易产生滑移现象，摩阻系数较小。

3.4.1.3 26#白油

基于白油在 4 种管内流动的实验数据，绘制了相同雷诺数下，白油摩阻系数随接触角的变化曲线，结果如图 3-26 所示。

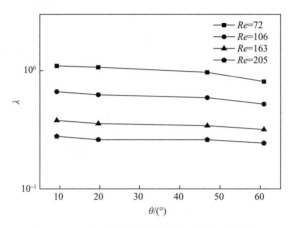

图 3-26 白油摩阻系数随接触角的变化曲线

同理，图 3-26 更加清晰地说明：相同雷诺数下，管道表面摩阻系数随接触角的增大而减小。与乙二醇不同之处在于，白油在 4 种管道表面的接触角均小于 90°，属于亲油表面；相同之处在于，接触角对 PTFE 管内摩阻系数的影响仍旧无法被忽略。当 $Re = 72$ 时，接触角从 9.2° 依次增加到 19.63°、46.77°、60.81°，相应摩阻系数依次减小了 2.58%、11.75%、26.49%。随着雷诺数的增大，润湿性对摩阻系数影响的程度变小了。当 $Re = 205$ 时，接触角从 9.2° 依次增加到 19.63°、46.77°、60.81°，相应摩阻系数依次减小了 6.43%、6.41%、12.42%。除 PTFE 管外，其他 3 种管内摩阻系数差距较小的原因是，由图 3-9 可知，白油的内聚功为 58.9mJ/m²，其与 4 种管道表面的黏附功依次为：304 不锈钢管（58.55mJ/m²）＞PP 管（57.19mJ/m²）＞有机玻璃管（49.62mJ/m²）＞PTFE 管（43.81mJ/m²），由此可见，除 PTFE 管外，白油内聚功与其他 3 种管黏附功的差距都很小，尤其是 304 不锈钢管和 PP 管，从而造成了白油在 3 种管内摩阻系数较小的差距。

3.4.2 从液体性质角度

根据 4 种液体在 PTFE 管内流动的实验数据，绘制了相同雷诺数下，不同液体摩阻系数随接触角的变化曲线，结果如图 3-27 所示。

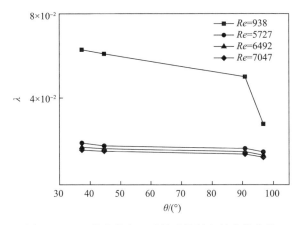

图 3 – 27　4 种液体摩阻系数随接触角的变化曲线

　　同理，图 3 – 27 更加清晰地表明了润湿性对摩阻系数的影响，即相同雷诺数下，4 种液体的摩阻系数随接触角的增大而减小，这也与自来水在 5 种管内流动的影响规律相一致。当 $Re = 938$ 时，接触角从 37.3° 增加到 90.8°，增长了 143.43%，而相应摩阻系数减小了 19.63%。当 Re 分别为 5727、6492、7047 时，接触角从 37.3° 增加到 90.8°，对应摩阻系数分别减小了 4.35%、3.58%、3.36%。另外，当接触角从 90.8° 增加到 96.7° 时，层流（$Re = 938$）条件下，相应摩阻系数已减小了 31.84%，但接触角仅增加了 6.5%。同样，当 Re 分别为 5727、6492、7047 时，相应摩阻系数分别减小了 2.83%、2.90%、2.50%。由此可见，相同雷诺数下，表面润湿性对疏液管道摩阻系数的影响程度大于亲液管道，对层流的影响程度大于紊流。

　　造成以上现象的原因除了 PTFE 管表面特殊的几何形貌外，还与液体与管道之间的黏附功密切相关。对于 4 种液体在 PTFE 管内的流动，液体种类的改变不仅影响液体的表面张力，而且还影响液体在 PTFE 管表面的接触角。根据图 3 – 12 可知，4 种液体与 PTFE 管的黏附功从大到小依次为：乙二醇和水（1∶2）、甘油和水（1∶3）、0#柴油、白油和柴油（1∶9）。由于 4 种液体的表面张力各不相同，导致 4 种液体的内聚功也不同。尽管乙二醇和水（1∶2）在 PTFE 管表面的接触角最大，黏附功也最大，但液体能否在固体壁面上发生"滑移"，取决于液体的内聚功和液体同固体壁面黏附功的差值，差值越大，液体越不易润湿固体表面，越容易在其表面产生"滑移"，摩阻系数越小[23]。因此，文中分别计算了 4 种液体内聚功与黏附功的差值，从大到小依次为：乙二醇和水（1∶2）（63.47mJ/

m^2)>甘油和水(1:3)(50.56mJ/m^2)>白油和柴油(1:9)(7.52mJ/m^2)>0#柴油(5.32mJ/m^2)。因此,相同雷诺数下乙二醇和水(1:2)的摩阻系数最小。

参考文献

[1]宋善鹏.超疏水微通道内水流动与传热特性的研究[D].大连:大连理工大学,2008.

[2]Aghdam S K, Ricco P. Laminar and turbulent flows over hydrophobic surfaces with shear-dependent slip length[J]. Physics of Fluids, 2016, 28(3): 035109.

[3]陈毓年,陆永安,贺礼清,等.固体表面性质与流体摩阻[J].石油大学学报:自然科学版,1992,16(2):34-39.

[4]孙海.流体在不同材质管内流动的阻力特性的研究[J].新疆石油学院学报,2004,16(3):70-84.

[5]张修刚,牛冬梅,苏新军,等.水平管内油水两相流动摩擦压降的试验研究[J].油气储运,2003,22(2):47-50.

[6]牛冬梅,苏新军,王树众,等.水平管内油气水三相流动摩擦压降特性的试验研究[J].油气储运,2002,21(1):28-31.

[7]蒋绿林,高玉明,高锡祺,等.管壁特性与摩阻关系[J].油气储运,1995,14(6):21-23.

[8]Watanabe K, Udagawa H. Drag reduction of non-newtonian fluids in a circular pipe with a highly water-repellent wall[J]. AICHE Journal, 2001, 47(2): 256-262.

[9]Watanabe K, Yanuar, Udagawa H. Drag reduction of newtonian fluid in a circular pipe with a highly water-repellent wall[J]. Journal of Fluid Mechanics, 1998, 381: 225-238.

[10]姜桂林,张承武,管宁,等.水在不同接触角微柱群内的流动特征[J].化工学报,2015,66(5):1704-1709.

[11]姜桂林,张承武,管宁,等.水在不同管径超疏水性微管内的流动特性[J].山东科学,2015,28(1):20-27.

[12]王争闯,张芳芳,张亚楠,等.超疏水材料在水管内壁减阻的应用[J].平顶山学院学报,2013,28(5):61-65.

[13]Dong H Y, Cheng M J, Zhang Y J, et al. Extraordinary drag-reducing effect of a superhydrophobic coating on a macroscopic model ship at high speed[J]. Journal of Materials Chemistry A, 2013, 1(19): 5886-5891.

[14]Lu S, Yao Z H, Hao P F, et al. Drag reduction in ultrahydrophobic channels with micro-nano structured surfaces[J]. Science China-Physics, Mechanics and Astronomy, 2010, 53(7):

1298 - 1305.

[15] 卢思，姚朝晖，郝鹏飞，等. 微纳结构超疏水表面的湍流减阻机理研究[J]. 力学与实践，2013，35(4)：20 - 24.

[16] Lyu S, Nguyen D C, Kim D, et al. Experimental drag reduction study of super-hydrophobic surface with dual-scale structures[J]. Applied Surface Science, 2013, 286：206 - 211.

[17] Lyu S, Hwang W. Facile stamp patterning method for superhydrophilic/superhydrophobic surfaces [J]. Applied Physics Letters, 2015, 107(20)：201606.

[18] Lv F Y, Zhang P. Drag reduction and heat transfer characteristics of water flow through the tubes with superhydrophobic surfaces[J]. Energy Conversion and Management, 2016, 113：165 - 176.

[19] 韩洪升，孙晓宝，王小兵，等. 原油在纳米涂层管道中流动规律的实验研究[J]. 海洋石油，2006，26(3)：83 - 86.

[20] Li Z X, Du D X, Guo Z Y. Experimental study on flow characteristics of liquid in circular micro-tubes[J]. Microscale Thermophysical Engineering, 2003, 7(3)：253 - 265.

[21] 宣明，刘承烈. 改善表面润湿性的研究[J]. 光学机械，1992，(3)：63 - 69.

[22] Zhang J X, Tian H P, Yao Z H, et al. Mechanisms of drag reduction of superhydrophobic surfaces in a turbulent boundary layer flow[J]. Experiments in Fluids, 2015, 56(9)：179.

[23] Lum K, Chandler D, Weeks J D. Hydrophobicity at small and large length scales[J]. Journal of Physical Chemistry B, 1999, 103(22)：4570 - 4577.

第4章　润湿性与摩阻系数的定量分析

4.1　概　述

目前，经典流体力学理论中摩阻系数的计算公式是基于流体在管道壁面无滑移的假设条件下建立的，认为流体在管道内不同流态下的摩阻系数均与固－液界面的润湿性无关。但现阶段的一些研究成果以及本课题组的研究结果均表明，经典的摩阻系数公式在实际应用过程中出现一定偏差，流体与管道之间润湿性对流动的影响不可忽略[1,2]。

任远[3]在成品油管道内涂层的减阻性能研究中，测量了3种油品在4种管道内壁的接触角，讨论了接触角对输油管道摩擦阻力的影响规律；同时建立了接触角和摩阻系数的经验关系式，并根据实验结果验证了公式的实用性。随着非金属管的大规模使用，经典流体力学公式在实际应用过程中出现了一些偏差。Liu 等[4]建立了室内实验装置来测量非金属管道的沿程阻力，结果发现：达西公式在预测两种管道内的摩阻时与实验值出现较大偏差。孙晓宝[5]针对油田常用的3种非金属管道开展了管输实验，验证并修正了常见适用于非金属管道沿程水头损失的计算公式。

综上所述，现阶段关于润湿性对流动阻力影响的研究现状多集中在定性研究上，认为疏水表面存在滑移减阻效应，而对于润湿性与流动阻力的定量关系[6]或传统摩阻计算公式的修正开展得比较少。鉴于此，本章采用量纲分析和 SPSS 回归分析方法，将接触角作为影响流动阻力的参量引入达西公式，建立不同流态下接触角与摩阻系数的定量关系式，并利用管路实验数据验证其预测准确性。最后基于前期润湿性的研究成果，在不改变原始管材和管输液体的前提下，实验研究了白油在 304 不锈钢管和有机玻璃管内水预润湿历史对其流动阻力的影响，并分别与未润湿时的压降和摩阻系数进行对比。

4.2　关系模型的建立

前期管路实验研究结果表明，摩阻损失与固－液界面的润湿性有关，接触角越大，滚动角越小，相同雷诺数下液体的摩阻系数越小。鉴于此，本章选取接触角表征固－液界面的润湿性能，并将其作为影响流体摩阻的一个因素引入达西公式。

根据以上分析，影响流体流经水平管段压差的主要因素有：管道长度、管道内径、流体密度、流体动力黏度、流速、管壁粗糙度、接触角。写成如下函数形式：

$$f(\Delta p, l, d, \rho, \mu, u, \Delta, \theta) = 0 \tag{4-1}$$

式中　Δp——压降差，Pa；

　　l——管长，m；

　　d——管道内径，m；

　　ρ——流体密度，kg/m^3；

　　μ——流体动力黏度，mPa·s；

　　u——流速，m/s；

　　Δ——管壁粗糙度，mm；

　　θ——接触角，(°)。

选取流体密度 ρ，流速 u 和管道内径 d 为基本量，运用量纲分析，可得式(4-1)的无量纲化形式：

$$f\left(\frac{\Delta p}{\rho u^2}, \frac{l}{d}, \frac{\mu}{\rho u d}, \frac{\Delta}{d}, \cos\theta\right) = 0 \tag{4-2}$$

则

$$h_f = \frac{\Delta p}{\rho g} = f\left(\frac{l}{d}, \frac{\mu}{\rho u d}, \cos\theta\right)\frac{u^2}{2g} \tag{4-3}$$

式中　h_f——流体的摩擦阻力，N。

由达西公式可知，圆管的水头损失与 l/d 成正比，引入雷诺数 $Re = \rho u d/\mu$，则式(4-3)为：

$$h_f = f(Re, \varepsilon, \cos\theta)\frac{l}{d}\frac{u^2}{2g} \tag{4-4}$$

式中　ε——相对粗糙度。

式(4-4)又可表示为：

$$h_{\mathrm{f}} = \lambda \, \frac{l}{d} \frac{u^2}{2g} \tag{4-5}$$

式中 λ ——摩阻系数，则

$$\lambda = f(Re, \varepsilon, \cos\theta) \tag{4-6}$$

由式(4-6)可知，液体在管道内的摩阻系数是雷诺数 Re、相对粗糙度 ε 和接触角余弦值 $\cos\theta$ 的函数，所以如何得到摩阻系数的函数关系是计算摩阻的关键。

在经典流体力学层流和紊流水力光滑区理论摩阻系数计算公式的基础上，本书提出了不同流态下摩阻系数修正公式的数学模型：

层流：

$$\lambda = \frac{a_1}{Re} + \cos\theta \, \frac{a_2}{Re} \,(Re < 2000) \tag{4-7}$$

紊流：

$$\lambda = \frac{a_3}{Re^{0.25}} + \cos\theta \, \frac{a_4}{Re^{0.25}} \,(4000 < Re < \frac{59.7}{\varepsilon^{\frac{8}{7}}}) \tag{4-8}$$

式中，a_1、a_2、a_3、a_4 均为系数。

4.3　SPSS 回归分析

根据第 3 章液体在管道内层流和紊流流动的实验数据，分别使用 SPSS 软件对相应流态下的摩阻系数修正模型及相关系数进行检验，层流结果如表 4-1 ~ 表 4-4 所示，紊流检验结果如表 4-5 ~表 4-8 所示。

表 4-1　回归模型(层流)

模型	R	R²	调整后的 R²	标准估算的错误	更改统计量		
					R²变化	F 更改	显著性 F 更改
1	0.993	0.986	0.986	0.03768666	0.986	12874.317	0.000

表 4-2　方差分析(层流)

模型		平方和	自由度	均方	F	显著性
1	回归	36.570	2	18.285	12874.317	0.000
	残差	0.526	309	0.001		
	总计	37.096	311			

表4-3　模型系数(层流)

模型		非标准化系数		t	显著性	共线性统计	
		B	标准错误			容许	VIF
1	Re^{-1}	51.590	1.308	39.455	0.000	0.093	10.772
	$cos\theta Re^{-1}$	16.175	1.649	9.812	0.000	0.093	10.772

表4-4　共线性诊断(层流)

模型	维度	特征值	条件指数	方差比例	
				Re^{-1}	$cos\theta Re^{-1}$
1	1	1.952	1.000	0.02	0.02
	2	0.048	6.408	0.98	0.98

表4-5　回归模型(紊流)

模型	R	R^2	调整后的 R^2	标准估算的错误	更改统计量		
					R^2变化	F 更改	显著性 F 更改
1	1.000	0.999	0.999	0.00076936	0.999	52284.591	0.000

表4-6　方差分析(紊流)

模型		平方和	自由度	均方	F	显著性
1	回归	0.062	2	0.031	52284.591	0.000
	残差	0.000	84	0.000		
	总计	0.062	86			

表4-7　模型系数(紊流)

模型		非标准化系数		t	显著性	共线性统计	
		B	标准错误			容许	VIF
1	$Re^{-0.25}$	0.286	0.001	283.781	0.000	0.824	1.213
	$cos\theta Re^{-0.25}$	0.045	0.002	21.712	0.000	0.824	1.213

表4-8　共线性诊断(紊流)

模型	维度	特征值	条件指数	方差比例	
				$Re^{-0.25}$	$cos\theta Re^{-0.25}$
1	1	1.419	1.000	0.29	0.29
	2	0.581	1.564	0.71	0.71

从表 4-1～表 4-3、表 4-5～表 4-7 可以看出，层流和紊流摩阻系数修正模型的调整精度 R^2 分别为 0.986、0.999，且两个模型通过 F 检验和 t 检验后的显著性均为 0.000。由此可见，两个模型中各系数都不为 0，说明所用模型具有统计学意义，拟合精度较高。由表 4-4 和表 4-8 共线性诊断可知，两个模型中两个维度的特征值都不为 0，条件指数都小于 10，证明各个变量之间不存在多重共线性问题。综上所述，层流和紊流的回归模型较为合理。

将表 4-3 中的相关系数代入式(4-7)，将表 4-7 中的相关系数代入式(4-8)，从而得到不同流态下的摩阻系数修正式：

层流：

$$\lambda = \frac{51.590}{Re} + 16.175 \frac{\cos\theta}{Re} \ (Re < 2000) \tag{4-9}$$

紊流：

$$\lambda = \frac{0.286}{Re^{0.25}} + 0.045 \frac{\cos\theta}{Re^{0.25}} \ (4000 < Re < \frac{59.7}{\varepsilon^{\frac{8}{7}}}) \tag{4-10}$$

若将摩阻系数修正公式与经典流体力学相应流态下的理论摩阻系数公式等价，则可计算出相应流态下的临界接触角。

$$\frac{51.590}{Re} + 16.175 \frac{\cos\theta}{Re} = \frac{64}{Re} \tag{4-11}$$

$$\frac{0.286}{Re^{0.25}} + 0.045 \frac{\cos\theta}{Re^{0.25}} = \frac{0.3164}{Re^{0.25}} \tag{4-12}$$

经计算可得：层流临界接触角为 39.9°；紊流临界接触角为 47.5°。

假如所得到的摩阻系数修正公式均具有较高的预测准确性，那么对于层流：

(1) 当管道表面的接触角小于临界接触角(39.9°)时，在相同雷诺数下，摩阻系数修正值大于摩阻系数理论值，说明管道表面润湿性对液体的流动起到一个"增阻"作用，接触角越小，这种"增阻"作用越明显；

(2) 当管道表面的接触角大于临界接触角(39.9°)时，在相同雷诺数下，摩阻系数修正值小于理论值，说明管道表面润湿性对液体的流动起到一个"减阻"作用，接触角越大，这种"减阻"作用越明显。

同理，对于紊流：

(1) 当管道表面的接触角小于临界接触角(47.5°)时，在相同雷诺数下，随着接触角的减小，这种"增阻"作用越明显；

(2) 当管道表面的接触角大于临界接触角(47.5°)时，在相同雷诺数下，随着接触角的增大，这种"减阻"作用越明显。

4.4　关系模型的验证

4.4.1　层流

利用摩阻系数修正公式(4-9)，分别计算7种液体在不同管内层流流动的摩阻系数，对比修正后摩阻系数与修正前实测摩阻系数的相对偏差，结果如图4-1~图4-4所示。

4.4.1.1　自来水在5种管内流动

从图4-1可以看出，对于自来水，层流摩阻系数修正公式的预测准确性基本在30%范围内。自来水在5种管内的摩阻系数修正值相比理论值更接近实测值，尤其是疏水的PP管和PTFE管表现得更加明显。修正前，PTFE管摩阻系数实测值与理论值的平均相对偏差为47.17%，修正后，其摩阻系数修正值与实测值的平均相对偏差降为29.20%。同理，PP管的摩阻系数平均相对偏差从38.34%降为29.33%。

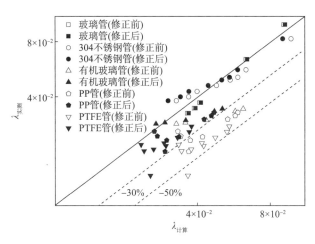

图4-1　自来水在5种管的摩阻系数修正前后对比(层流)

对于亲水的玻璃管，摩阻系数修正值与实测值的平均相对偏差比实测值与理论值的平均相对偏差高0.73%，这可能是由于自来水在玻璃管表面的接触角为34.9°，小于通过摩阻系数修正公式得到的层流临界接触角(39.9°)，因而摩阻系数修正公式预测得到的修正值大于理论值。同时这也反映出，当管材和液体之间的接触角小于临界接触角时，层流摩阻系数修正公式的预测准确性不如经典流体力学层流理论公式，换句话说，从管材角度回归的层流摩阻系数理论公式对于固－液接触角小于相应临界接触角的情况仍然适用，这也说明经典流体力学理论公式是建立在液体相对润湿管壁的前提下。

同理，对于 304 不锈钢管和有机玻璃管，修正后的摩阻系数与实测值的平均相对偏差分别比实测值与理论值的偏差低 1.3%、6.89%，这表明当固－液界面的接触角大于临界接触角时，摩阻系数修正公式的预测准确性远高于理论计算公式。此时，随着接触角的增大，润湿性对摩阻系数的"减阻"作用才逐渐发挥出来。

4.4.1.2　乙二醇在 4 种管内流动

从图 4－2 可知，乙二醇在 4 种管内的摩阻系数修正值与实测值吻合较好，两者的相对偏差均在 25% 范围内。相比较其他 3 种管材，PTFE 管的摩阻系数修正前后变化最明显，从实测值与理论值的平均相对偏差 28.26% 降到 7.92%，最大和最小相对偏差分别从 32.05%、5.98% 降为 10.97%、0.09%。这是由于乙二醇在 PTFE 表面的接触角达到 101.87°，远大于摩阻系数修正公式得到的层流临界接触角（39.9°）。而乙二醇与其他 3 种管的接触角均大于 39.9°，因此，3 种管内摩阻系数修正值与实测值的平均相对偏差，分别降低到：有机玻璃管为 17.50%、304 不锈钢管为 16.98%、PP 管为 10.49%。

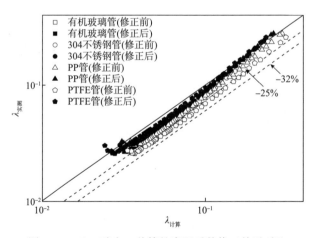

图 4－2　乙二醇在 4 种管的摩阻系数修正前后对比

4.4.1.3　26#白油在 4 种管内流动

图 4－3 对比分析了白油在 4 种管内摩阻系数的修正值与实测值，结果表明：

白油在 304 不锈钢管和 PP 管的摩阻系数修正值，反而不如理论值更接近实测值。修正前，白油在 304 不锈钢管和 PP 管内摩阻系数实测值与理论值的平均相对偏差分别为 9.27%、10.25%，但修正后，两种管摩阻系数修正值与实测值的平均相对偏差反而升高到 9.52%（304 不锈钢管）、13.34%（PP 管）。这可能是由于白油在 304 不锈钢管和 PP 管的接触角分别为 9.2° 和 19.63°，远低于摩阻系数修正公式得到的临界接触角（39.9°），因而两种管道的摩阻系数修正值比理论值大，离实测值较远。相反，白油在有机玻璃管和 PTFE 管的接触角分别为 46.77° 和 60.81°，均大于 39.9°，因此，修正后的摩阻系数比理论值更接近实测值，有机玻璃管内摩阻系数修正值与实测值的平均相对偏差降为 9.10%，PTFE 管降为 11.91%。由此可见，对于白油，当管道表面的接触角超过临界接触角时，层流摩阻系数修正公式的预测准确性在 20% 范围内。

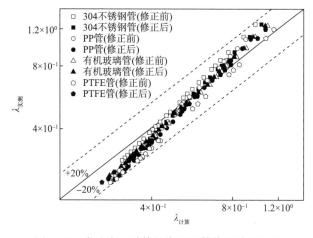

图 4 – 3　白油在 4 种管的摩阻系数修正前后对比

4.4.1.4　4 种液体在 PTFE 管内流动

图 4 – 4 对比分析了 4 种液体在 PTFE 管内修正前后的摩阻系数值，与前面 3 种液体在不同管内层流摩阻系数的结果类似，由于 0# 柴油与 PTFE 管表面的接触角（37.3°）小于式（4 – 9）计算得到的层流临界接触角（39.9°），因而摩阻系数经过修正后的值大于对应理论值，与实测值的平均相对偏差也增大到 16.68%。对于白油和柴油（1∶9），与 PTFE 管表面的接触角为 44.6°，其摩阻系数修正值与实测值的平均相对偏差从 9.71% 降为 8.44%。随着甘油和水（1∶3）、乙二醇和水（1∶2）与 PTFE 管表面的接触角超过 90°，两种液体摩阻系数修正值与相应理

论值的差距越来越大，前者修正值与实测值的差距从 26.70% 降到 11.68%，后者从 46.96% 降低到 23.40%。由此可见，对于这 4 种液体，当管道表面的接触角超过临界接触角时，层流摩阻系数修正公式的预测准确性在 24% 范围内。

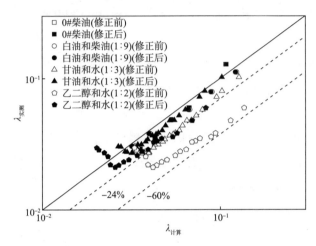

图 4 - 4　4 种液体在 PTFE 管的摩阻系数修正前后对比(层流)

4.4.2　紊流

利用摩阻系数修正公式(4 - 10)，分别计算自来水在 5 种管内、4 种液体在 PTFE 管内紊流流动的摩阻系数，对比修正后摩阻系数与修正前摩阻系数的相对偏差，结果分别如图 4 - 5 和图 4 - 6 所示。

4.4.2.1　自来水在 5 种管内流动

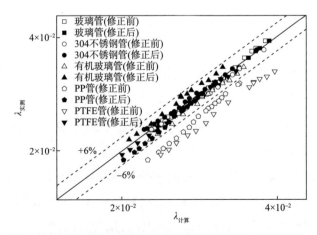

图 4 - 5　自来水在 5 种管的摩阻系数修正前后对比(紊流)

由图4-5可见，自来水在5种管内紊流的摩阻系数修正值与实测值吻合非常好，两者的相对偏差保持在6%以内。对于亲水的玻璃管，其紊流摩阻系数修正值与实测值的平均相对偏差为1.85%，与层流类似，其也比摩阻系数实测值与理论值的平均相对偏差高0.92%，这是由于自来水在玻璃管表面的接触角小于紊流的临界接触角(47.5°)。对于疏水的PP管和PTFE管，紊流摩阻系数修正前后变化很大。修正前，PP管摩阻系数实测值与理论值的最大相对偏差为15.47%，最小相对偏差为10.05%，平均相对偏差为12.47%；修正后，PP管摩阻系数修正值与实测值的最大、最小、平均相对偏差分别变为6.35%、0.06%、2.75%。同理对于PTFE管，其摩阻系数的最大、最小、平均相对偏差分别由18.54%、15.34%、17.01%降为3.37%、0.16%、1.60%。

4.4.2.2 4 种液体在 PTFE 管内流动

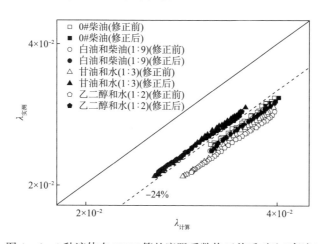

图4-6 4种液体在PTFE管的摩阻系数修正前后对比(紊流)

从图4-6可以看出，4种液体在PTFE管内紊流的摩阻系数经修正后，当接触角大于紊流临界接触角(47.5°)时，紊流摩阻系数修正公式的预测准确度在24%以内。由于0#柴油、白油和柴油(1∶9)在PTFE管表面的接触角均小于47.5°，因而两种液体的摩阻系数修正值与实测值的平均相对偏差分别增大到31.77%、32.82%，比摩阻系数实测值与理论值的相对偏差分别高8.96%、8.5%。同理，由于甘油和水(1∶3)、乙二醇和水(1∶2)的接触角大于临界接触角，因此，修正前两种液体摩阻系数实测值与理论值的平均相对偏差分别为26.55%、28.06%，修正后的摩阻系数与实测值的平均相对偏差分别降为22.80%、23.34%。

4.5 水预润湿的影响

经本书第 3 章和第 4 章研究可知，从液体和管材两角度均可改变管道表面润湿性，从而影响液体流动的阻力。以本书 26#白油为例，白油在 304 不锈钢管表面的接触角仅为 9.2°，极易黏附在管壁上，如何在不改变原始管道材质和管输液体的前提下，通过改变固 – 液界面的润湿性来实现流动阻力的优化是一个挑战。

鉴于此，提出通过水预润湿来改变流动阻力的思路[7]。预湿工艺是指管道在输送流体之前先将内壁在非管输流体中进行冲洗、浸润、吸附等过程，再进行流体输送，以改善管内壁润湿性的工艺。本节选取相同管径的有机玻璃管和 304 不锈钢管为实验管道，选取 26#白油为管输液体，采用循环管路实验平台，测量水预润湿条件下白油在两种实验管段内的流量和压降，并与未润湿时的压降和摩阻系数进行对比，进而分析水预润湿历史对白油流动阻力的影响。

4.5.1 油 – 水 – 固接触角测量

4.5.1.1 实验仪器及方法

为了模拟测量水预润湿管壁的接触角，本节在 JC2000D2 接触角测定仪的基础上，设计并加工了一个液 – 液 – 固接触角测量池[8]，用来测定油相(26#白油)在水 – 固界面(水相：自来水)的接触角。液 – 液 – 固接触角测量池示意图如图 4 – 7 所示。

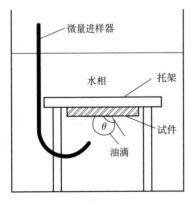

图 4 – 7 油相在水 – 固界面的接触角测定

液 – 液 – 固接触角测量池是由 5cm × 5cm × 5cm 的玻璃槽和水平托架组成。测量前，先用双面胶将待测试件粘在水平托架的下表面，置于玻璃槽中，然后向槽中注自来水，使其液面没过托架上表面。测量时，先用弯头微量进样器将 10μL 左右的白油注入试件下表面的水中，油滴在水中上浮并附着在试件下表面，然后记录清晰的接触角图像，最后采用五点拟合法计算白油在水 – 固界面的接触角，每种材料重复 3 次，结果取平均值。

固－液界面的润湿性仍以接触角的大小来衡量。对于水预润湿工况，当测得油－固界面的接触角大于90°时，说明管道表面呈现亲水疏油性，水相比油相更占主导地位，油相不易润湿管道表面，反之亦然。

4.5.1.2　水预润湿管壁的接触角

室温[(28±0.5)℃]下，在水预润湿管壁的前提下，分别测量26#白油在304不锈钢管和有机玻璃管表面的接触角，照片如图4－8所示。

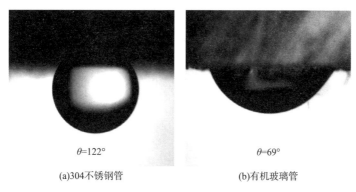

(a)304不锈钢管　　　　　　　　(b)有机玻璃管

图4－8　水预润湿条件下白油在两种管壁的接触角

4.5.2　白油在水预润湿管内的流动

实验液体为26#白油，其基本性质如本书表2－4所示。实验管道为304不锈钢管和有机玻璃管，其基本性质如本书表2－5和表2－6所示。采用本书第2章2.1节搭建的小型循环管路实验平台，测试水预润湿工况下白油在不同管道内的流动阻力。

测试方法：先按照第2章2.1节中的实验步骤，安装并调试好实验管路，启泵，关闭管路中的出口阀门，待管路中自来水完全充满管道后，关闭流量计上游的进口阀门同时停泵，待30min后，排空管内自来水，紧接着按照2.1节中的实验步骤继续开展白油在不同管道内的流动阻力实验。

4.5.2.1　304不锈钢管

(1)流量与压降关系

基于小型循环管路实验平台，测量了白油在水预润湿304不锈钢管内流动的流量和压降，并与未预润湿时的测量结果进行对比，结果如图4－9所示。

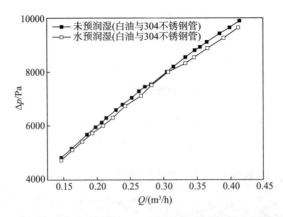

图 4 - 9　白油在水预润湿 304 不锈钢管内的流量 - 压降曲线

通过图 4 - 9 对比可知，经自来水预润湿后，相同流量下，白油在 304 不锈钢管内的压降比未预润湿时的压降有所降低。如当 $Q = 0.146\text{m}^3/\text{h}$ 时，白油在 304 不锈钢管内预润湿前后的压降分别为 4821Pa、4724Pa，压降降低了 2.01%。当流量达到 $0.334\text{m}^3/\text{h}$ 时，白油在 304 不锈钢管内的压降从预润湿前的 8544Pa 降低到润湿后的 8317Pa。造成这种现象的原因可能是经过自来水预润湿后，管壁表面形成了一层薄薄的水膜，阻隔了白油与管壁的接触，使得输送同等流量下的白油压降减小。

（2）雷诺数与摩阻系数关系

根据白油在水预润湿 304 不锈钢管内流动的流量和压降，计算了相应的雷诺数（$6.5 \times 10^1 \sim 1.9 \times 10^2$）和摩阻系数，并与未预润湿时的计算结果进行对比，结果如图 4 - 10 所示。

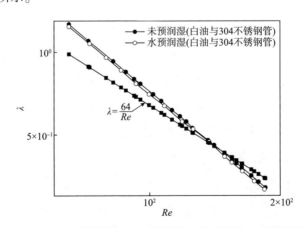

图 4 - 10　白油在水预润湿 304 不锈钢管内的雷诺数 - 摩阻系数曲线

从图4-10可以看出，经水预润湿后，白油在304不锈钢管内流动的实测摩阻系数仍与理论值有较大差异。当雷诺数较小时，预润湿后的摩阻系数实测值大于理论值，呈现增阻现象，这与未预润湿时摩阻系数两者呈现的规律相一致。但在相同雷诺数下，经水预润湿后的摩阻系数实测值小于未预润湿时。如当 $Re = 65$ 时，水预润湿后的白油摩阻系数实测值比未预润湿时减小了2.01%；当 $Re = 149$ 时，白油摩阻系数实测值从未预润湿时的0.42794降低到0.41657，减小了2.66%。造成这种现象的原因可能是未预润湿时，白油在钢管表面的接触角仅有9.2°，白油易黏附在钢管表面，引起流动阻力的增大。但经水预润湿后，白油在钢管表面的接触角增大到122°，白油变得很难润湿管壁。正是由于水的预润湿阻隔了管壁与白油之间的接触，使得钢管表面由原始的亲油表面变成疏油表面，导致在流动过程中，白油的摩阻系数变小。尽管水预润湿前后摩阻系数实测值存在一定差距，但这种差距与摩阻系数的实验误差相比，几乎可以忽略，这可能是由于预润湿形成的水膜较薄，在流动过程中，很容易失去阻隔作用。

4.5.2.2 有机玻璃管

（1）流量与压降关系

基于小型循环管路实验平台，测量了白油在水预润湿有机玻璃管内流动的流量和压降，并与未润湿时的测量结果进行对比，如图4-11所示。

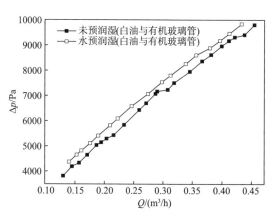

图4-11 白油在水预润湿有机玻璃管内的流量-压降曲线

与白油在水预润湿304不锈钢管内流动规律不同的是，白油在有机玻璃管内经水预润湿后的流量-压降曲线明显高于未润湿的工况。当 $Q = 0.275\text{m}^3/\text{h}$ 时，白油预润湿前后的压降分别为6700Pa和7063Pa，增大了5.42%；当 $Q =$

0.383m³/h 时，白油的压降从预润湿前的 8620Pa 增大到预润湿后的 8887Pa。造成这种现象的原因可能是经水预润湿后，白油在有机玻璃表面的接触角仅有 69°，与未预润湿时的 46.77°相差较小，但未预润湿时，自来水与有机玻璃管壁的接触角已达到 86.7°、滚动角为 29°，自来水不易黏附在管壁上，而是容易从管壁上滑落。因此，在白油输送过程中，经水预润湿后的有机玻璃管内，白油相比自来水更容易与管壁黏附，预润湿的自来水没有起到阻隔白油和管壁的作用，反而造成了白油流动阻力的增大，压降的增大。

（2）雷诺数与摩阻系数关系

根据白油在水预润湿有机玻璃管内流动的流量和压降，计算了相应的雷诺数 $(5.8 \times 10^1 \sim 2.05 \times 10^2)$ 和摩阻系数，并与未预润湿时的测试结果进行对比，结果如图 4 - 12 所示。

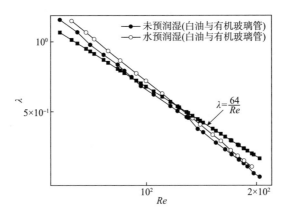

图 4 - 12　白油在水预润湿有机玻璃管内的雷诺数 - 摩阻系数曲线

图 4 - 12 显示，白油在有机玻璃管内水预润湿前后的摩阻系数曲线与其在 304 不锈钢管内的曲线不同，在相同雷诺数下，经水预润湿后的白油摩阻系数反而比未预润湿时大。如当 $Re = 123$ 时，白油在水预润湿后的有机玻璃管内，摩阻系数实测值比未预润湿时增大了 3.14%；当 $Re = 170$ 时，白油摩阻系数实测值从未预润湿时的 0.32663 增大到预润湿后的 0.34029，增大了 4.18%。

参考文献

[1]敬加强，齐红媛，梁爱国，等．管道表面润湿性对层流流动阻力的影响[J]．化工进展，2017，36(9)：3203 - 3209.

[2]Jing J Q, Qi H Y, Jiang H Y, et al. Study on quantitative relationship between surface wettability and frictional coefficient of liquid flowing in a turbulent horizontal pipe[J]. China Petroleum Processing and Petrochemical Technology, 2017, 19(3): 105 – 114.

[3]任远. 成品油管道内涂层减阻性能研究与应用[D]. 上海：华东理工大学，2011.

[4]Liu B J, Guan C, Zong Z C. Hydraulic experimental study on two kinds of nonmetallic plastic pipes[J]. Advanced Materials Research, 2012, 594 – 597: 2014 – 2017.

[5]孙晓宝. 油田防腐管道管输规律研究[D]. 大庆：大庆石油学院，2007.

[6]Bonnivard M, Dalibard A L, David G V. Computation of the effective slip of rough hydrophobic surfaces via homogenization[J]. Mathematical Models and Methods in Applied Sciences, 2014, 24(11): 2259 – 2285.

[7]齐红媛，梁爱国，蒋华义，等. 水预润湿对液体管道流动阻力特性的影响[J]. 石油化工，2019，48(1): 36 – 41.

[8]许道振，张劲军，王彬，等. 预润湿对管道润湿性的影响[J]. 西南石油大学学报：自然科学版，2016，38(6): 147 – 151.

第 5 章　润湿性对流动滑移特性的影响

5.1　概　述

流体流动的边界条件是决定流体动力学行为的最重要因素之一。几乎所有流体力学中都采用经典的无滑移边界条件，即认为流体分子在固体壁面处的相对运动速度为零。然而，随着一些测试分析技术的进步而带来的研究结果发现，在某些情况下经典流体力学的无滑移边界条件假设不再成立，滑移边界条件和液体所流经表面的润湿性有关。

近些年，随着高科技设备和先进技术的出现，许多学者重新对流体流动的边界问题展开了更为精准的测量[1,2]。他们所采用的实验研究方法主要分为间接和直接测量。

直接测量是通过微粒子图像测速仪 μ – PIV[3-6]、近场激光速度仪 NFLV[7]、全内反射荧光漂白恢复技术 TIR – FRAP[8] 等方法直接得到材料表面液体分子流动的速度场，以此判断滑移现象是否发生，以及滑移速度的大小。Tian 等[9]为了研究超疏水表面湍流边界层的减阻机理，采用 TRPIV 技术获得了循环水槽内超疏水平板表面的速度流场，相比超亲水表面，在超疏水表面可明显观测到水在壁面的滑移流动，并获得了近似 10% 的减阻率。Pit 等[10]采用荧光漂白恢复技术研究了十六烷在疏液表面的流动速度，通过实验第一次直观地在壁面观察到显著的滑移现象。

间接测量一般是通过原子力显微镜 AFM[11-14]、表面力仪 SFA[15,16]、石英晶体微天平 QCM 等方法得到受边界条件影响的一些物理量后，再将理论计算结果与经典无滑移的结果进行对比，以此间接判断边界滑移现象是否发生以及滑移参数的大小。除此之外，还可以通过管道测量方法来讨论液体的边界流动滑移问题，主要是通过测量管道内的流量和压降，再将测量结果与理论解进行比较，从而间接分析滑移参数的大小[17,18]。

此外，还有一些学者采用理论、分子动力学模拟[19-21]、格子－玻尔兹曼[22,23]等方法来研究流体在液体表面的滑移现象。Barrat 等[24,25]的分子动力学模拟结果表明：当接触角足够大时，边界获得的滑移长度足以表明无滑移假设条件不再成立，流体在疏水性表面存在明显的滑移行为。Hendy 等[26,27]借助分子动力学方法模拟研究了牛顿流体在微通道内的流动特性，结果证实了界面润湿性对壁面滑移有一定影响。Cui 等[28]基于格子－玻尔兹曼方法研究了超疏水表面的减阻效应，当流体流过粗糙表面的凹槽时，固－液之间的接触面变小，一部分被气－液界面取代，从而导致流动阻力变小。

目前，虽然国内外已开展疏/超疏水表面在管道减阻方面的研究，但是现场应用还较少，并且对于非润湿型表面是否存在减阻效果还存在争论[29]。季曙明[30]通过 PIV 和流动阻力装置，实验研究了不同流态下疏水和超疏水表面的减阻机理，研究表明：疏水或超疏水近壁面相比亲水表面产生的滑移速度和长度更大，壁面剪切力更小。但 Choi 等[31]通过测量亲水和疏水微通道内的 100 组压降和流量，发现亲水表面也出现了纳米量级的滑移，疏水表面微通道内比亲水微通道内的滑移长度大。Bonaccurso 等[32]的实验结果表明：液体即使在完全润湿的固体表面也能发生滑移。

尽管超疏水表面对流体流动的边界滑移现象有着重要影响，但是其表面几何特征或操作条件的改变都可能弱化这种表面的滑移减阻效应。影响滑移特性的因素有很多，其中表面粗糙度是界面效应最直接和最主要的因素，但追究其原因，解释却不一。一些文献表明：由于粗糙度的影响导致流体在微通道内流动的摩阻系数比传统理论计算值大[33-35]。Pit 等[10]和 Zhu 等[36]认为表面粗糙度的增加抑制滑移。但另一些文献却表明：适当粗糙微结构的超疏水表面可产生明显的滑移现象，进而可以减小液体流动的压降和阻力[37-39]。Lauga 等[40]深入研究了滑移的影响因素，分析了纳米气泡、表面润湿性、表面粗糙度等对滑移产生的影响，研究发现：改善固体表面粗糙度和固体表面的润湿性可以改变滑移长度。疏水表面的粗糙结构可以增加滑移长度，而亲水表面的粗糙形貌减小滑移甚至出现负滑移。大部分研究结果均表明：固体表面粗糙形貌是引起滑移现象的主要原因，且粗糙结构分布的改变可以引起滑移长度的变化。Voronov 等[41,42]的研究结果表明：疏水表面的减阻效果不仅与固体表面微结构、固体表面能有关，还与微结构的排布状态、流体的状态等因素有关。

综上所述，目前对于超疏水表面滑移减阻的本质以及影响滑移的因素还存在争议，有必要从理论和实验上进行更深入的研究。因此，本章采用滑移边界条件，以压降一定条件下无滑移管道内流动充分发展段的层流流动阻力特性(Po = 64)为参照，应用流体力学基本理论，推导并计算不同液体在不同管壁滑移流动时的滑移速度、滑移长度、壁面剪切应力以及流量变化，从理论角度进一步揭示液体在管道内滑移流动的本质[43]。

5.2　壁面滑移理论

流体在管内流动时，能量耗散是由流体质点与管壁之间、流体质点与质点之间的摩擦及撞击所形成。无论是层流还是紊流状态，最大的速度梯度均集中在管壁附近，该处出现较大剪应力。因此，流体在管内流动，耗散的能量大部分集中在管壁附近，流体在固壁的边界条件对管输能量损失的计算起着重要作用。传统流体力学处理流体在固壁边界问题的方法是，紧靠固壁的流体微层黏附于固壁，上层流体与之发生相对滑移产生剪切力，由壁面产生方向相反的切应力平衡，这个力称为壁面剪切应力，取决于流体的黏性与当地速度梯度，表示为：

$$\tau_w = \mu \left(du/dy \right)_w \tag{5-1}$$

当考虑壁面粗糙度对流动的影响时，在层流和紊流光滑区，由于层流底层覆盖了壁面粗糙凸出部分，通常把实际粗糙表面的平均面作为一个理想的光滑表面。当流动处于混合摩擦和粗糙区时，层流底层厚度小于壁面粗糙凸出部分，壁面凸出部分直接对紊流流动中质点的掺混、碰撞起作用。这时，流过粗糙壁面的紊流，除了黏性剪应力以外，还有由于流体压力作用于壁面粗糙凸出物上而产生的切向力，这个切向力有时会比黏性力大几个数量级。

从以上讨论可知，传统处理流体在固壁的边界条件认为流体黏附固壁，对绝大多数液体，由于液体总是润湿固壁(即固壁对液体分子的吸引力大于液体分子间吸引力)，所以，液体黏附固壁这个边界条件是可行的。但对少数液体不润湿固壁(即固壁对液体分子的吸引力小于液体分子间吸引力)的情况，液体沿固壁就会产生部分流体的滑移现象[44]。

5.2.1　滑移速度及滑移长度

"滑移速度"是指流体在固体表面流动时流体和表面在界面处的切向速度差[45]。流体流动和表面的切向速度相等时即为常规流体力学中常采用的无滑移边界条件。

早在 1823 年，Navier[46] 就提出了线性滑移边界条件假设，认为滑移速度 u_s 正比于流体在壁面处的剪切率：

$$u_s = L_s \frac{\partial u_x}{\partial z} \big|_{z=0} \tag{5-2}$$

式中　L_s——滑移长度，m；

　　　u_x——流体沿固体表面 x 方向的切向流动速度，m/s；

　　　z——沿界面法向方向坐标。

滑移长度是虚构固体表面(此表面上滑移速度为零)与实际界面的距离，如图 5-1 所示。由于 L_s 为常数，式(5-2)也被称为"线性滑移长度模型"。若 $L_s = 0$，为无滑移边界条件；若 $L_s \neq 0$，为滑移边界条件。L_s 是一个材料参数，具有长度量纲，可由实验测量来推断。对于纯剪切流，L_s 可解释为固体表面以下到当流场线形向外扩展出实际区域至无滑移边界条件满足的局部等价距离[47]。

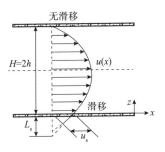

图 5-1　滑移速度和
滑移长度的定义

对实验研究而言，滑移长度无法直接测得，尽管可由实验获得的速度场曲线作图得到，但结果误差较大，所以目前的研究多采用在管道两端给定压力降，测量对应的流量，然后依据理论关系式间接获得滑移长度的大小。

5.2.2　滑移分类

宋付权[48]将滑移模型分为无滑移、正滑移和负滑移。在流体力学理论中，边界条件模型如图 5-2 所示。其中，z 为沿界面法向方向坐标，u_s 为滑移速度，L_s 为滑移长度，定义为虚构固体界面与实际固体表面的间距。当 $L_s = 0$ 时为无滑移模型[图5-2(a)]，当$L_s>0$时为正滑移模型[图5-2(b)]，当$L_s<0$时为负滑移模型[图5-2(c)]。

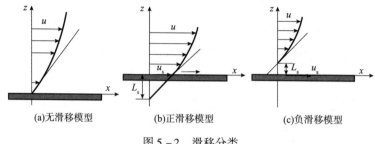

(a)无滑移模型　　　　(b)正滑移模型　　　　(c)负滑移模型

图5-2　滑移分类

他分析了不同润湿条件下流体的速度分布，研究发现，当流体在强亲水固壁表面流动时，存在着黏滞层，即在固壁边界附近的流体流速基本为0，负的滑移长度表示在边界附近流体速度基本为0，滑移长度的绝对值可以近似为边界层厚度，如图5-2(c)所示的负滑移模型。这是因为固-液分子作用力强，当剪切率较小时，不足以将壁面附近的流体分子驱动。如图5-2(b)所示，当外力逐渐增大时，外界施加的剪切力可将液体分子与固体表面分子间的吸引力平衡掉，从而使壁面处流体的速度产生阶跃，形成滑移流动。而当流体流经强疏水固壁表面时，边界处流体的流速在外力较小时便明显大于0，且随外力的增大流速迅速增大，即存在壁面滑移速度。

5.2.3　滑移模型

目前，滑移长度模型是使用最广泛的滑移模型之一。除此之外，极限剪应力模型[49,50]是描述边界滑移的另一个常用模型，其公式如下：

$$\tau_L = \tau_0 + kp \tag{5-3}$$

式中　τ_L——极限剪应力，Pa；

　　　τ_0——初始极限剪应力，Pa；

　　　k——塑性压力系数。

当表面剪应力小于极限剪应力时，不发生边界滑移，当表面剪应力达到极限剪应力时，发生边界滑移。诸多研究通过不同实验方法对极限剪应力进行了测量，认为极限剪应力参数的大小与液体种类、表面材料、表面粗糙度、表面润湿性及流体黏度等因素有关，尤其是表面润湿性对极限剪应力有着重要影响。极限剪应力随接触角的增大而减小，随流体黏度的增大而减小。吴承伟等人指出极限剪应力模型可以用来准确描述高剪切率流体流动的边界滑移，然而在进行数值计算分析时存在计算方面的困难，属于一个强非线性边界待定问题。

另外，Thompson[51] 根据分子动力学模拟结果提出了一种非线性滑移长度模型：

$$b/b_0 = (1 - \dot{\gamma}/\dot{\gamma}_c)^{-1/2} \qquad (5-4)$$

式中　b_0 ——初始滑移长度，m；

$\dot{\gamma}$ ——剪切率，s^{-1}；

$\dot{\gamma}_c$ ——临界剪切率，s^{-1}。

然而 Priezjev[52] 的研究结果表明：剪切率与滑移长度之间的关系随固 – 液界面相互作用强弱而变化。当固 – 液界面相互作用较弱时，滑移长度与剪切率成非线性关系，但当固 – 液界面作用较强时，两者成线性关系。在低剪切率时，非线性滑移长度模型认为滑移长度为常数，可以退化为滑移长度模型，而在高剪切率时，可以用极限剪应力滑移模型来描述。但由于非线性滑移长度模型的本构关系复杂，目前只能用来分析一些较为简单的流动边界滑移问题。

5.3　数学模型的建立及求解

假设有一很长水平圆管，管长为 L，半径为 R，直径为 D，黏性流体沿管道做层流运动，忽略体积力，取柱坐标系 (r, ε, z)，如图 5 – 3 所示，其中 V 为轴向速度。

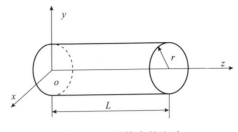

图 5 – 3　圆管内的流动

三维不可压缩黏性定常流体运动的控制方程组为：

$$
\begin{cases}
\dfrac{\partial V_r}{\partial r} + \dfrac{1}{r}\dfrac{\partial V_\varepsilon}{\partial \varepsilon} + \dfrac{\partial V_z}{\partial z} + \dfrac{V_r}{r} = 0 \\[2mm]
\dfrac{\partial V_r}{\partial t} + V_r\dfrac{\partial V_r}{\partial r} + \dfrac{V_\varepsilon}{r}\dfrac{\partial V_r}{\partial \varepsilon} + V_z\dfrac{\partial V_r}{\partial z} - \dfrac{V_\varepsilon^2}{r} = -\dfrac{1}{\rho}\dfrac{\partial p}{\partial r} + \dfrac{\mu}{\rho}\left(\nabla^2 V_r - \dfrac{V_r}{r^2} - \dfrac{2}{r^2}\dfrac{\partial V_\varepsilon}{\partial \varepsilon}\right) \\[2mm]
\dfrac{\partial V_\varepsilon}{\partial t} + V_r\dfrac{\partial V_\varepsilon}{\partial r} + \dfrac{V_\varepsilon}{r}\dfrac{\partial V_\varepsilon}{\partial \varepsilon} + V_z\dfrac{\partial V_\varepsilon}{\partial z} + \dfrac{V_r V_\varepsilon}{r} = -\dfrac{1}{\rho r}\dfrac{\partial p}{\partial \varepsilon} + \dfrac{\mu}{\rho}\left(\nabla^2 V_\varepsilon + \dfrac{2}{r^2}\dfrac{\partial V_r}{\partial \varepsilon} - \dfrac{V_\varepsilon}{r^2}\right) \\[2mm]
\dfrac{\partial V_z}{\partial t} + V_r\dfrac{\partial V_z}{\partial r} + \dfrac{V_\varepsilon}{r}\dfrac{\partial V_z}{\partial \varepsilon} + V_z\dfrac{\partial V_z}{\partial z} = -\dfrac{1}{\rho}\dfrac{\partial p}{\partial z} + \dfrac{\mu}{\rho}\nabla^2 V_z
\end{cases}
$$

$$(5-5)$$

式中　V_r——r 坐标轴方向的速度分量，m/s；

　　　V_ε——ε 坐标轴方向的速度分量，m/s；

　　　V_z——z 坐标轴方向的速度分量，m/s；

　　　μ——动力黏度，mPa·s；

　　　ρ——密度，kg/m³。

由于管道很长，其两端的影响可以不考虑，管内流体只沿管轴方向做直线运动，因此 $V_r = V_\varepsilon = 0$；

由于边界对于管轴对称，故管内为轴对称流动，则 $\dfrac{\partial V_z}{\partial \varepsilon} = 0$；

由于流动为定常流动，因此方程中非稳态项 $\dfrac{\partial}{\partial t} = 0$；

故式(5-5)可改写为：

$$
\begin{cases}
\dfrac{\partial V_z}{\partial \varepsilon} = \dfrac{\partial V_z}{\partial z} = 0 \\[2mm]
0 = -\dfrac{1}{\rho}\dfrac{\partial p}{\partial r} \\[2mm]
0 = -\dfrac{1}{\rho r}\dfrac{\partial p}{\partial \varepsilon} \\[2mm]
0 = -\dfrac{1}{\rho}\dfrac{\partial p}{\partial z} + \dfrac{\mu}{\rho}\left(\dfrac{1}{r}\dfrac{\partial V_z}{\partial r} + \dfrac{\partial^2 V_z}{\partial r^2}\right)
\end{cases}
$$

$$(5-6)$$

由式(5-6)可知，$V_z = V_z(r)$。假设流体在 r、ε 方向上没有运动，两个方向的速度分量可视为零，则 $\dfrac{\partial p}{\partial r} = \dfrac{\partial p}{\partial \varepsilon} = 0$，此时，$p$ 只是 z 的函数。

故式(5-6)化简为：

$$\frac{1}{\mu}\frac{\mathrm{d}p}{\mathrm{d}z} = \frac{1}{r}\frac{\mathrm{d}V_z}{\mathrm{d}r} + \frac{\mathrm{d}^2 V_z}{\mathrm{d}r^2} \tag{5-7}$$

将式（5-7）对 r 连续积分两次，可得：

$$V_z = \frac{r^2}{4\mu}\frac{\mathrm{d}p}{\mathrm{d}z} + C_1 \ln r + C_2 \tag{5-8}$$

相应边界条件：

$$\begin{cases} r = R, V_z = u_s \\ r = 0, \tau(r) = 0 \end{cases} \tag{5-9}$$

又因为剪切力公式可写为：

$$\tau = \mu\frac{\mathrm{d}V_z}{\mathrm{d}r} \tag{5-10}$$

代入微分方程，解得：

$$\begin{cases} C_1 = 0 \\ C_2 = -\frac{R^2}{4\mu}\frac{\mathrm{d}p}{\mathrm{d}z} + u_s \end{cases} \tag{5-11}$$

因此，速度方程为：

$$V_z = \frac{1}{4\mu}\frac{\mathrm{d}p}{\mathrm{d}z}(r^2 - R^2) + u_s \tag{5-12}$$

管道单位时间流量为：

$$Q_s = \int_0^R V_z \cdot 2\pi r \mathrm{d}r = \frac{2\pi}{4\mu}\frac{\mathrm{d}p}{\mathrm{d}z}\int_0^R (r^2 - R^2) \cdot r \mathrm{d}r + 2\pi\int_0^R u_s \cdot r \mathrm{d}r = -\frac{\pi R^4}{8\mu}\frac{\mathrm{d}p}{\mathrm{d}z} + \pi R^2 u_s \tag{5-13}$$

平均速度为：

$$v_{av} = \frac{Q_s}{\pi R^2} = \frac{\pi R^4}{8\mu\pi R^2}\left(-\frac{\mathrm{d}p}{\mathrm{d}z}\right) + u_s = \frac{R^2}{8\mu}\left(-\frac{\mathrm{d}p}{\mathrm{d}z}\right) + u_s \tag{5-14}$$

由于

$$-\frac{\mathrm{d}p}{\mathrm{d}z} = \frac{\Delta p}{L} \tag{5-15}$$

所以

$$v_{av} = \frac{R^2}{8\mu} \cdot \frac{\Delta p}{L} + u_s \tag{5-16}$$

5.3.1　壁面剪切力

将式(5-12)和式(5-14)代入剪切应力公式(5-10)，可得：

$$\tau = \mu \frac{dV_z}{dr} = \frac{4\mu}{R}(v_{av} - u_s) \tag{5-17}$$

5.3.2　滑移速度

在管道两侧给定固定压降 Δp，产生一个与滑移相关的流量 Q_s，由于滑移边界条件的存在，使流过滑移表面的流量 Q_s 大于流过普通表面时的无滑移流量 Q_n，其原因是在滑移表面存在一个滑移速度 u_s，因此，在相同流动阻力下，有如下关系式：

$$Q_s - Q_n = u_s A \tag{5-18}$$

其中，若圆管内引用无滑移边界条件，此时圆管内单位时间的流量为：

$$Q_n = \int_0^R V_z \cdot 2\pi r dr = \frac{2\pi}{4\mu}\frac{dp}{dz}\int_0^R (r^2 - R^2) \cdot r dr = \frac{\pi R^4}{8\mu}\frac{\Delta p}{L} \tag{5-19}$$

因此，滑移速度为：

$$u_s = \frac{Q_s - Q_n}{A} = \frac{Q_s - Q_n}{\pi R^2} \tag{5-20}$$

5.3.3　滑移长度

根据流体滑移的 Navier 假设——在壁面处的滑移速度与表面切应力成正比，可得壁面滑移长度 L_s 与壁面滑移速度 u_s 的关系：

$$u_s = L_s \frac{\partial V_z}{\partial r}\big|_{r=R} \tag{5-21}$$

将式(5-12)和式(5-18)代入式(5-21)，得滑移长度为：

$$L_s = \frac{R}{4}\left(\frac{Q_s}{Q_n} - 1\right) \tag{5-22}$$

5.3.4　流量变化

给定固定压降 Δp，将引入滑移后与无滑移边界条件的流量进行比较，管道内的流量变化为 Q_s/Q_n，则根据式(5-22)可得：

$$\frac{Q_s}{Q_n}\Big|_{\Delta p} = 1 + \frac{4L_s}{R} \qquad (5-23)$$

由此可见，对于相同管径的圆管，引入滑移条件后管道内的流量有所增加。

5.4　计算结果及分析

5.4.1　流速与滑移速度关系

将本书第 3 章 3.2.1 节自来水、乙二醇和 26#白油流经不同管道的层流阻力特性实验数据代入式(5-20)中，分别计算 3 种液体在不同管内、不同流速下的滑移速度，结果如图 5-4 ~ 图 5-6 所示。

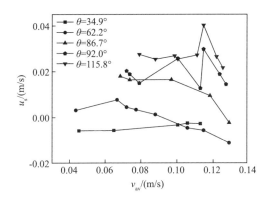

图 5-4　自来水在 5 种管内的平均速度 – 滑移速度曲线

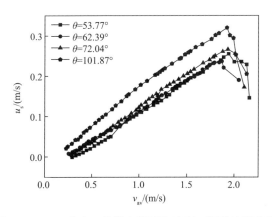

图 5-5　乙二醇在 4 种管内的平均速度 – 滑移速度曲线

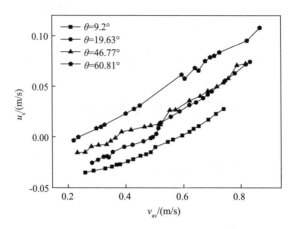

图 5-6　白油在 4 种管内的平均速度 - 滑移速度曲线

　　从图 5-4~图 5-6 可以看出，无论管壁润湿性如何变化，相同液体在不同管内流动的壁面滑移速度均随液体平均速度的增大而增大。流速一定时，液体在壁面的滑移速度随接触角的增大而增大，且疏液壁面的滑移速度普遍大于亲液壁面。这是由于在相同压降下，固 - 液界面的接触角越大，意味着固 - 液界面之间的相互作用较弱，因而这种表面更有利于发生边界滑移现象，形成较大的滑移速度和滑移长度，从而使得液体在管内的流动阻力减小。

　　从图 5-4 中发现，尽管自来水在有机玻璃、PP 和 PTFE 管壁滑移速度的规律性不太明显，但相比较亲水的 304 不锈钢管($\theta = 62.2°$)和玻璃管($\theta = 34.9°$)，自来水在前 3 种管壁的滑移速度均为正值，表明均发生了滑移现象。当平均速度为 0.115m/s 时，最大滑移速度(0.0403m/s)出现在 PTFE 管壁，占平均速度的35.04%，相反，由于自来水在 304 不锈钢管和玻璃管壁形成的滑移速度较小，对流动阻力的影响几乎可以忽略。同理，乙二醇液体在 PTFE 管壁($\theta = 101.87°$)的滑移速度也明显大于其他 3 种亲液管道，当平均速度达到 1.922m/s 时，最大滑移速度达到 0.32m/s。从图 5-5 看来，乙二醇在 4 种管壁的滑移速度几乎均为正值，随着管内平均速度的增大，4 种管壁的滑移速度也不断增大。这是因为乙二醇在 4 种管壁的最小接触角达到 53.77°，固 - 液分子作用力相对小于液体内部分子作用力，从而形成液体分子的稀薄层，壁面液体分子很容易被外力推动，故形成的壁面滑移速度较大[50]。而对于图 5-6 白油来说，由于其在 4 种管壁的接触角较小，只有当接触角或白油的平均速度增大到一定程度时才出现正的滑移速度。这可能是由于在相同压降下，白油在亲液管内流动的平均速度较小，即管壁附近液体受到的剪切应力较小，且白油和管壁的润湿性能较强，从而出现了类似宏观上的黏滞层，导致了白油在亲液管壁的滑移速度为负值，流动阻力较大。实验结果也基本印证了滑移长度模型中滑移速度与壁面剪切应力成正比。

5.4.2 流速与滑移长度关系

将本书第 3 章 3.2.1 节自来水、乙二醇和 26#白油流经不同管道的层流阻力特性实验数据，代入式(5-22)中，分别计算 3 种液体在不同管内、不同流速下的滑移长度，结果如图 5-7~图 5-9 所示。

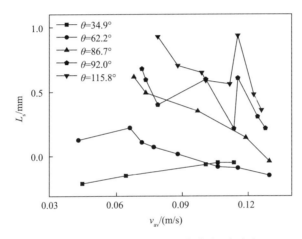

图 5-7 平均速度-滑移长度曲线(自来水)

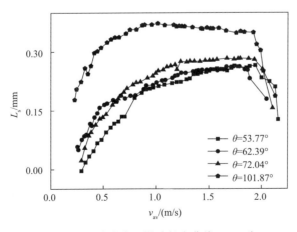

图 5-8 平均速度-滑移长度曲线(乙二醇)

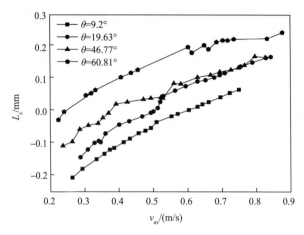

图 5 – 9　平均速度 – 滑移长度曲线（26#白油）

从图 5 – 9 可以看出，当白油的平均速度较小时，其在 4 种管壁的滑移长度为负值，产生了负滑移；随着平均速度的增大，滑移长度逐渐变为正值。出现上述变化关系的原因是：由于白油与 4 种管壁的接触角较小，当白油流经亲油性管壁时，受到管壁分子的强吸引势作用，管壁附近的白油分子被吸附，形成了在一定压力梯度下不能流动的黏滞层，此时的液体分子呈层状有序分布，并且具有类固体性质，当液体平均速度变大，即剪切应力增大时，黏滞层逐渐变薄，所以滑移长度也逐渐变小。对于图 5 – 8 乙二醇来说，由于其在 4 种管壁的接触角普遍大于白油的接触角，所以无论平均速度大或小，壁面的滑移长度几乎均为正值，其随平均速度的增大逐渐增大，但滑移长度较小时，对液体动力学行为的影响几乎可以忽略；当平均速度增大到一定程度时，壁面的滑移长度不再增大，而是逐渐趋为一常量。这是由于此时液体受到驱动力作用产生的应力远远大于固液之间的相互作用力，管壁和液体形成的黏滞层全部被外力推动后，黏滞层不再存在，壁面润湿性对流动的影响相对较小。换句话说，当液体在管内流动的压力较大时，壁面滑移长度与固 – 液界面的润湿性关系不大，并且根据线性滑移长度模型可知，滑移长度为常数，与剪切速率无关，但从计算结果来看，只有当平均速度增大到一定程度时滑移长度才趋于定值。另外，如图 5 – 7 所示，自来水在 5 种管壁的接触角分布范围较宽，当水在 PTFE 管内流动时，壁面滑移长度的平均值达到最大（0.65mm）。由此可见，在 3 种液体流动的实验范围内，固 – 液界面的接触角越大，形成的壁面滑移长度越大，从而导致液体流动过程中的阻力减小，这与 3 种液体在管内的流动阻力特性实验结果保持一致。

5.4.3　流速与剪切应力关系

根据剪切应力的公式(5-17)，分别计算了自来水、乙二醇和白油在不同管内、不同流速下的剪切应力，结果如图 5-10 ~ 图 5-12 所示。

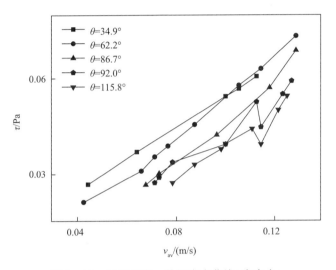

图 5-10　平均速度-剪切应力曲线(自来水)

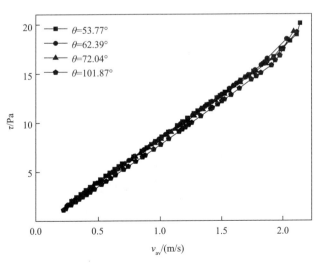

图 5-11　平均速度-剪切应力曲线(乙二醇)

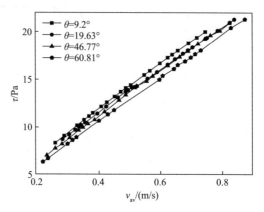

图 5 – 12　平均速度 – 剪切应力曲线(26#白油)

从图 5 – 10 ~ 图 5 – 12 可以看出，壁面剪切应力与液体的平均速度成线性关系，即壁面剪切应力随平均速度的增加而增大，这也间接证实了壁面剪切应力计算公式中其与平均速度的关系。对于 3 种液体来说，相同平均速度下，壁面剪切应力均随接触角的增大而减小。当平均速度较小时，从图 5 – 11 和图 5 – 12 可以看出，同种液体在不同管壁的剪切应力相差不大，随着速度的增加，剪切应力的差距才逐渐被拉开。由此看来，对于相同液体在不同管内的流动，固 – 液界面的接触角越大，壁面剪切应力越小，从而使得液体在管道内的流动阻力减小。

5.4.4　压降与流量增量关系

在相同压降条件下，分别计算了自来水、乙二醇和白油在不同管内滑移流量与无滑移流量的比值，结果如图 5 – 13 ~ 图 5 – 15 所示。

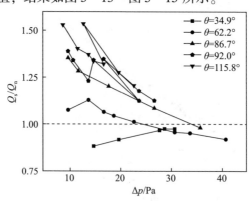

图 5 – 13　压降 – 流量增量曲线(自来水)

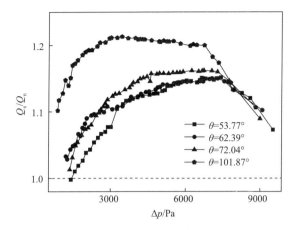

图 5 - 14　压降 - 流量增量曲线(乙二醇)

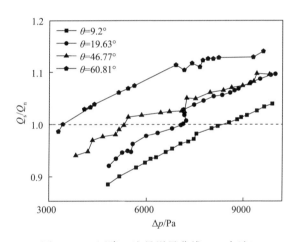

图 5 - 15　压降 - 流量增量曲线(26#白油)

根据相同压降下，引入滑移边界条件前后的流量变化定义可知，管道内的流量变化与滑移长度成正比，管壁的滑移长度越大，管道内液体的流量越大。当计算得到的滑移长度与管道的特征长度在同一个量级上，才能表现出明显的减阻效果；当滑移长度与管道的特征长度相比远远小于 1 时，滑移长度几乎可以被忽略，此时引入滑移边界条件后的滑移流量与无滑移流量的比值为 1，认为液体的流动是无滑移的。图 5 - 13 ~ 图 5 - 15 中，3 种液体在不同管内流动的压降 - 流量增量曲线均证实了这一点。当自来水与管壁的接触角 $\theta \geqslant 62.2°$、乙二醇与管壁的接触角 $\theta \geqslant 53.77°$、白油与管壁的接触角 $\theta \geqslant 60.81°$ 时，无论管道内的压降如何变化，管壁均出现不同程度的滑移现象，使得相同压降下，液体的流量增大。当

3种液体与管壁之间的接触角分别小于相对应的值时，液体的滑移流量随压降的变化规律具有一致性，均表现为管内的压降增大到一定程度时，滑移流量与无滑移流量的比值才超过1。由此可见，相同液体在不同管内是否发生滑移流动现象与固-液间的润湿性密切相关。

参考文献

[1]吴承伟，马国军，周平. 流体流动的边界滑移问题研究进展[J]. 力学进展，2008，38（3）：265-282.

[2]蒋成刚. 仿生超疏水表面湿润性研究及应用[D]. 大连理工大学，2014.

[3]Joseph P, Tabeling P. Direct measurement of the apparent slip length[J]. Physical Review E, 2005, 71(3): 035303.

[4]VajdiHokmabad B, Ghaemi S. Turbulent flow over wetted and non-wetted superhydrophobic counterparts with random structure[J]. Physics of Fluids, 2016, 28(1): 015112.

[5]Kim N, Kim H, Park H. An experimental study on the effects of rough hydrophobic surfaces on the flow around a circular cylinder[J]. Physics of Fluids, 2015, 27(8): 085113.

[6]苏健，田海平，姜楠. 逆向涡对超疏水壁面减阻影响的 TRPIV 实验研究[J]. 力学学报，2016，48（5）：1033-1039.

[7]Hervet H, Léger L. Flow with slip at the wall: From simple to complex fluids[J]. Comptes Rendus Physique, 2003, 4(2): 241-249.

[8]Woolford B, Prince J, Maynes D, et al. Particle image velocimetry characterization of turbulent channel flow with rib patterned superhydrophobic walls [J]. Physics of Fluids, 2009, 21(8): 085106.

[9]Tian H P, Zhang J X, Jiang N, et al. Effect of hierarchical structured superhydrophobic surfaces on coherent structures in turbulent channel flow[J]. Experimental Thermal & Fluid Science, 2015, 69: 27-37.

[10]Pit R, Hervet H, Léger L. Direct experimental evidence of slip in hexadecane: Solid interfaces [J]. Physical Review Letters, 2000, 85(5): 980-983.

[11]Zhu L W, Attard P, Neto C. Reliable measurements of interfacial slip by colloid probe atomic force microscopy. I. Mathematical modeling[J]. Langmuir, 2011, 27(11): 6701-6711.

[12]Bhushan B, Wang Y L, Maali A. Boundary slip study on hydrophilic, hydrophobic, and superhydrophobic surfaces with dynamic atomic force microscopy[J]. Langmuir, 2009, 25(14):

8117 – 8121.

[13] Wang Y L, Bhushan B, Maali A. Atomic force microscopy measurement of boundary slip on hy-drophilic, hydrophobic, and superhydrophobic surfaces[J]. Journal of Vacuum Science & Technology A, 2009, 27(4): 754 – 760.

[14] Li Y F, Bhushan B. The effect of surface charge on the boundary slip of various oleophilic/phobic surfaces immersed in liquids[J]. Soft Matter, 2015, 11(38): 7680 – 7695.

[15] Cottin-Bizonne C, Jurine S, Baudry J, et al. Nanorheology: An investigation of the boundary condition at hydrophobic and hydrophilic interfaces[J]. European Physical Journal E, 2002, 9 (1): 47 – 53.

[16] Baudry J, Charlaix E, Tonck A, et al. Experimental evidence for a large slip effect at a nonwet-ting fluid-solid interface[J]. Langmuir, 2001, 17(17): 5232 – 5236.

[17] 王小云, 吴利华, 唐艳芳. 流体黏度对固液界面滑移的影响[J]. 淮阴师范学院学报: 自然科学版, 2012, 11(2): 154 – 157.

[18] 唐艳芳, 王小云. 微管中界面滑移的流体运动[J]. 流体传动与控制, 2011(1): 24 – 26.

[19] Yen T H. Effects of wettability and interfacial nanobubbles on flow through structured nanochan-nels: An investigation of molecular dynamics[J]. Molecular Physics, 2015, 113(23): 3783 – 3795.

[20] Yen T H, Soong C Y. Effective boundary slip and wetting characteristics of water on substrates with effects of surface morphology[J]. Molecular Physics, 2016, 114(6): 797 – 809.

[21] 李耀凯. 边界滑移临界点条件计算的 TTCF 法[D]. 秦皇岛: 燕山大学, 2014.

[22] Zhang RL, Di Q F, Wang X L, et al. Numerical study of the relationship between apparent slip length and contact angle by lattice boltzmann method[J]. Journal of Hydrodynamics, 2012, 24 (4): 535 – 540.

[23] Yao Z H, Hao P F, Zhang X W, et al. Static and dynamic characterization of droplets on hydro-phobic surfaces[J]. Chinese Science Bulletin, 2012, 57(10): 1095 – 1101.

[24] Barrat J L, Lydéric Bocquet. Large slip effect at a nonwetting fluid-solid interface[J]. Physical Review Letters, 1999, 82(23): 4671 – 4674.

[25] 宋付权, 陈晓星. 液体壁面滑移的分子动力学研究[J]. 水动力学研究与进展, 2012, 27 (1): 80 – 86.

[26] Hendy S C, Jasperse M, Burnell J. The effect of patterned slip on micro and nanofluidic flows [J]. Physical Review E, 2005, 72: 016303.

[27] Hendy S C, Lund N J. Effective slip boundary conditions for flows over nanoscale chemical heter-ogeneities[J]. Physical Review E, 2007, 76: 066313.

[28]Cui J, Li W Z, Lam W H. Numerical investigation on drag reduction with superhydrophobic surfaces by lattice-Boltzmann method[J]. Computers and Mathematics with Applications, 2011, 61(12): 3678 – 3689.

[29]Broboana D, Tanase N O, Balan C. Influence of patterned surface in the rheometry of simple and complex fluids[J]. Journal of Non-Newtonian Fluid Mechanics, 2015, 222: 151 – 162.

[30]季曙明. 超疏水表面宏观尺度下流动减阻机理的实验研究[D]. 上海：上海交通大学, 2010.

[31]Choi C H, Westin K J A, Breuer K S. Apparent slip flows in hydrophilic and hydrophobic microchannels[J]. Physics of Fluids, 2003, 15(10): 2897 – 2902.

[32]Bonaccurso E, Kappl M, Butt H J. Hydrodynamic force measurements: Boundary slip of water on hydrophilic surfaces and electrokinetic effects[J]. Physical Review Letters, 2002, 88(7): 076103.

[33]Li Z X, Du D X, Guo Z Y. Experimental study on flow characteristics of liquid in circular microtubes[J]. Microscale Thermophysical Engineering, 2003, 7(3): 253 – 265.

[34]Kandlikar S G, Joshi S, Tian S R. Effect of surface roughness on heat transfer and fluid flow characteristics at low Reynolds numbers in small diameter tubes[J]. Heat Transfer Engineering, 2003, 24(3): 4 – 16.

[35]Hrnjak P, Tu X. Single phase pressure drop in microchannels[J]. International Journal of Heat and Fluid Flow, 2007, 28(1): 2 – 14.

[36]Zhu Y X, Granick S. No-slip boundary condition switches to partial slip when fluid contains surfactant[J]. Langmuir, 2002, 18(26): 10058 – 10063.

[37]Aljallis E, Sarshar M A, Datla R, et al. Experimental study of skin friction drag reduction on superhydrophobic flat plates in high Reynolds number boundary layer flow[J]. Physics of Fluids, 2013, 25: 025103.

[38]Cottin-Bizonne C, Barentin C, Charlaix É, et al. Dynamics of simple liquids at heterogeneous surfaces: Molecular-dynamics simulations and hydrodynamic description[J]. The European Physical Journal E: Soft Matter, 2004, 15(4): 427 – 438.

[39]陈莉. 粗糙微通道中的滑移理论与减阻研究[D]. 武汉：华中科技大学, 2012.

[40]Lauga E, Brenner M P. Dynamic mechanisms for apparent slip on hydrophobic surfaces[J]. Physical Review E, 2004, 70(2): 026311.

[41]Voronov R S, Papavassiliou D V, Lee L L. Boundary slip and wetting properties of interfaces: Correlation of the contact angle with the slip length[J]. Journal of Chemical Physics, 2006, 124(20): 204701.

[42]Voronov R S，Papavassiliou D V，Lee L L. Slip length and contact angle over hydrophobic surfaces[J]. Chemical Physics Letters，2007，441(4-6)：273-276.

[43]Qi H Y，Liang A G，Jiang H Y，et al. Effect of pipe surface wettability on flow slip property. Industrial and Engineering Chemistry Research，2018，57(37)：12543-12550.

[44]张泓筠. 超疏水表面微结构对其疏水性能的影响及应用[D]. 湘潭：湘潭大学，2013.

[45]金晶. 基于超疏水材料的流动减阻与强化传热研究[D]. 天津：河北工业大学，2014.

[46]Vinogradova O I. Drainage of a thin liquid film confined between hydrophobic surfaces[J]. Langmuir，1995，11(6)：2213-2220.

[47]赵士林. 超疏水表面及其微通道滑移流动的研究[D]. 大连：大连理工大学，2009.

[48]宋付权，于玲. 液体在润湿性微管中流动的边界负滑移特征[J]. 水动力学研究与进展，2013，28(2)：128-134.

[49]Bair S，Winer W O. Shear strength measurements of lubricants at high pressure[J]. Journal of Lubrication Technology，1979，101(3)：251-257.

[50]Bair S，Winer W O. The high shear stress rheology of liquid lubricants at pressures of 2 to 200MPa[J]. Journal of Tribology，1990，112(2)：246-252.

[51]Thompson P A，Troian S M. A general boundary condition for liquid flow at solid surfaces[J]. Nature，1997，389(6649)：360-362.

[52]Priezjev N V，Darhuber A A，Troian S M. Slip behavior in liquid films on surfaces of patterned wettability：Comparison between continuum and molecular dynamics simulations[J]. Physical Review，2005，71(4)：041608.

第6章　润湿性对流动特性影响的数值模拟

6.1　概　述

润湿性与流动阻力和滑移特性关系研究的现状表明，滑移边界能够降低流动阻力的一个关键因素是固体表面的微细粗糙结构。但数值模拟中，如何模拟壁面的滑移条件是一个难点，目前主要有3种假设方法[1]：①设置壁面全部为连续滑移壁面[2,3]；②设置壁面为滑移壁面与静置壁面相间[4]；③设置壁面有凸起和凹坑，采用气液两相流模型模拟空气的滑移作用[5-8]。

邓旭辉等[9]采用计算流体动力学方法，通过直接给定滑移速度边界条件，从唯象角度模拟了圆管内超疏水表面层流条件下的滑移流动，研究发现：无量纲压降比随流量的增大呈指数规律下降；在相同流量条件下，无量纲压降比随管径的增加而降低；当滑移速度为 0.001m/s 时，滑移长度最大达到 $238.2\mu\text{m}$。赵士林[10]通过给定滑移速度边界条件，数值模拟研究了二维超疏水表面流场，结果表明：随着微通道高度的增大，无量纲压降比变大，最大的滑移长度为 $188\mu\text{m}$，无量纲压降比达 18.5%。刘征[11]数值模拟了超疏水微圆管内的流动特性，超疏水表面采用滑移和无滑移相间的模型，并对比分析了滑移壁面和无滑移壁面的速度场分布，结果表明：具有滑移壁面的微圆管压降较小。赵家军[12]定义了微通道内规整凹坑表面的流动模型，简化了超疏水表面滑移流动的空气层物理模型，并应用两相模型的 VOF 方法对数学模型进行了求解，在壁面处获得了大于主流平均速度 60% 的滑移速度。喻超等[13]设计了三角形、圆形、圆顶矩形和平顶矩形的表面微观结构，建立了气–液两相流动模型，研究表明：层流条件下超疏水表面的减阻效果与微凸起高度无关，但随微凸间距的增大而增大。Maynes 等[14]选用与流动方向一致的微结构超疏水表面作为研究对象，采用数值模拟研究其减阻特性，结果表明：表观滑移速度随自由剪切比的增大而增加；摩擦阻力系数随表观滑移速度的增加而减小。范少涛[2]采用计算流体力学方法分别对 3 种超疏水表面模型在不同雷诺数下的减阻性能进行了数值研究，其在相应界面引入滑移速度边界条件，结果表明：超疏水表面存在自由剪切气－液界面是形成减阻的一个主要原因。

　　综上所述，目前针对 3 种假设方法开展的数值研究与真实材料表面的结构存在较大差异，疏水界面的处理大部分是采用气液体积分数表示，且并未结合相应实验数据验证数值模拟方法及边界条件的合理性和准确性。因此，本章采用 Fluent 软件，针对单相液体在圆管内不同流态下的流动特性进行了三维数值模拟，其中，将真实材料表面的几何形貌采用平整光滑的表面代替，通过在管道壁面设置滑移边界条件来表征润湿界面的滑移效果；并采用对应流态下的管流实验数据验证模拟方法的可靠性；然后研究固－液界面的表观接触角和管径对管内液体滑移流动的影响。

6.2　流动模型的建立

6.2.1　物理模型

　　目前，对于润湿性的数值模拟研究主要集中在疏水或超疏水表面，其难点主要在于模拟滑移壁面。范少涛[2]采用计算流体力学方法研究了 3 种超疏水表面模型的湍流减阻性能，结果表明：在整个管段壁面全部设置滑移速度的方法更适合其对船舶减阻性能的研究。鉴于此，本章借鉴其假设方法设置壁面滑移边界条件，不同之处在于本书基于实验数据给出边界滑移速度条件。

　　为了与本书实验结果有可比性，计算所采用的三维物理模型尺寸与实验条件完全相同。管道计算域全长 $L = 5m$，直径 $D = 0.014m$，测试段 $L_2 = 1.8m$，入口与出口各设置入口稳定段和出口段，分别为 $L_1 = 2.1m$、$L_3 = 1.1m$，来流方向为 z 轴方向，某一点的速度为 u。由于实验中入口段和出口段与测试段为一种材料，因此模拟中为整个 5m 管段表面均设置一定的滑移速度 u_s。

　　Fluent 模拟中压力与速度耦合采用 SIMPLE 算法，二阶迎风。湍流模型采用 SST(Shear Stress Transport) $k-\omega$ 模型。液体性质参数的设定均与实验测量值完全相同。

6.2.2　边界条件

Fluent 模拟中，进、出口分别选用速度入口和压力出口边界条件。管道壁面选用速度滑移边界条件。

由于不同管道的表面性质不同，在进行数值模拟研究中，将原本具有不同微结构的真实管道表面采用平整光滑管道表面替代，并在壁面处设置滑移边界条件来表示不同种类管道表面的滑移流动效果。本文以润湿性的 Cassie 模型作为理论基础，定义壁面处的滑移边界条件。

Cassie 模型[15]的计算公式：

$$\cos\theta = f(\cos\theta_1 + 1) - 1 \tag{6-1}$$

式中　θ——粗糙表面的表观接触角，(°)；

　　θ_1——本征接触角，(°)；

　　f——固相面积分数，即液体与固体接触的面积占总面积的分数。

定义 α 为气体与液体接触所占的面积分数，$\alpha = 1 - f$，因此，

$$\alpha = \frac{\cos\theta_1 - \cos\theta}{1 + \cos\theta_1} \tag{6-2}$$

由于液体与固体材料的本征接触角 θ_1 是在光滑、均匀、理想的固体表面上测得的，因此，本书假设液体在 5000 目砂纸打磨后的光滑试件表面测得的接触角为本征接触角。

根据表面特征与滑移速度的关系，壁面剪应力等效于固 - 液接触部分的无滑移剪切力[16]，即

$$\frac{4\mu}{R}(v_{av} - u_s) = (1 - \alpha)\frac{4\mu}{R}v_{av} \tag{6-3}$$

经简化，得到滑移速度与粗糙表面结构的关系：

$$u_s = \alpha v_{av} \tag{6-4}$$

当固体和液体之间无滑移时，$\alpha = 0$，$u_s = 0$；当固体与液体存在完全滑移时，滑移速度与相邻流体节点的速度相等，与实际情况相符，$\alpha = 1$。

6.2.3　网格划分及检验

本章选用 ICEM 软件划分三维结构化网格，对于润湿性在管内产生滑移流动的

问题，管道壁面附近的流场分析尤为重要。因此，本章在管道壁面划分边界层网格，靠近管道壁面的网格较密，远离壁面的网格稀疏。为了准确捕捉壁面的流动情况，近壁面网格单元尺寸保证壁面无量纲法向距离 y^+ 约为1，网格1总共为4033344个节点，管长 z 轴方向划分了3001个节点，尺寸在 $2.4 \times 10^{-11} \sim 5.3 \times 10^{-10} \mathrm{m}^3$，局部网格划分如图6-1所示。

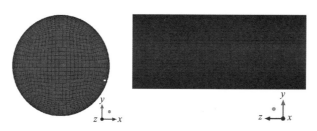

图6-1　5m管段局部网格1划分(403万)

为了验证数值模拟的可靠性，选取了其他两种不同结构参数的网格进行网格无关性检验。网格2为5181036个节点，管长 z 轴方向划分了5001个节点，尺寸在 $5.8 \times 10^{-12} \sim 4.0 \times 10^{-10} \mathrm{m}^3$；网格3为6506992个节点，管长 z 轴方向划分了6667个节点，尺寸在 $7.2 \times 10^{-12} \sim 4.0 \times 10^{-10} \mathrm{m}^3$，两种网格局部划分别如图6-2和图6-3所示。

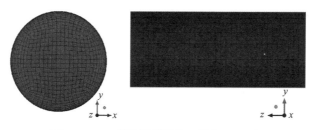

图6-2　5m管段局部网格2划分(518万)

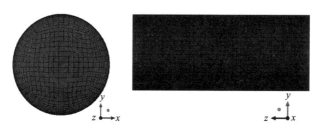

图6-3　5m管段局部网格3划分(650万)

基于管路实验条件，分别对层流条件下白油在 PTFE 管内流动的压降、紊流条件下柴油在 PTFE 管内流动的压降模拟计算了 3 种网格，并将模拟结果与理论计算结果进行对比，如表 6 - 1 和表 6 - 2 所示。

表 6 - 1　网格无关性检验结果（层流）

速度/(m/s)	理论压降/Pa	网格1(403万)		网格2(518万)		网格3(650万)	
		模拟压降/Pa	相对误差/%	模拟压降/Pa	相对误差/%	模拟压降/Pa	相对误差/%
0.303	4319	4335.8	0.39	4353.6	0.80	4369.8	1.18
0.406	5784	5823.5	0.68	5843.6	1.03	5868.8	1.46
0.601	8561	8666.0	1.23	8678.9	1.38	8752.6	2.24
0.734	10463	10793.4	3.16	10646.3	1.75	10813.1	3.34
0.832	11851	12004.3	1.29	12089.0	2.01	12237.7	3.26

表 6 - 2　网格无关性检验结果（紊流）

速度/(m/s)	理论压降/Pa	网格1(403万)		网格2(518万)		网格3(650万)	
		模拟压降/Pa	相对误差/%	模拟压降/Pa	相对误差/%	模拟压降/Pa	相对误差/%
1.362	3555	3686.1	3.69	3556.9	0.05	3603.4	1.36
1.554	4474	4591.4	2.62	4407.8	1.48	4485.6	0.26
1.786	5712	5854.7	2.50	5570	2.49	5654.8	1.00
2.068	7379	7498.7	1.62	7095	3.85	7229	2.04
2.319	9016	9025.1	0.10	8658.4	3.97	8766.8	2.76

由表 6 - 1 和表 6 - 2 可见，随着网格数量的增大，3 种网格计算所得测试段的模拟压降与理论压降的相对误差并未发生显著变化。综合考虑计算精度和计算时长，本文采用 403 万的网格进行数值模拟。

6.3　模型可靠性检验

为了进一步验证数值模拟的可靠性，采用第 3 章 3.2.1 节和 3.2.2 节的管流实测数据进行检验。为充分体现出数值模拟的准确性，选取在固体表面接触角较大的液体进行模拟。因此，层流选择乙二醇和 PTFE 管，紊流选择自来水和 PP 管，其固 - 液界面接触角分别为 101.87° 和 92.0°。

6.3.1 速度分布曲线

选择乙二醇在 PTFE 管内流动的 9 个平均速度作为入口速度,分别为 0.536m/s、0.753m/s、0.958m/s、1.166m/s、1.343m/s、1.514m/s、1.658m/s、1.952m/s、2.128m/s。根据式(6-2)和式(6-4)可知,滑移边界条件中的滑移速度与液体在固体表面的表观接触角和本征接触角有关。由第 3 章 3.2.1.2 节测量结果可知,乙二醇在 PTFE 管表面的表观接触角为 101.87°,本征接触角为 77.2°。因此,乙二醇在 PTFE 管内流动,对应的边界滑移速度分别为 0.187m/s、0.263m/s、0.335m/s、0.408m/s、0.470m/s、0.530m/s、0.58m/s、0.683m/s、0.744m/s。以入口段长度 L_1 为横坐标,管内速度 u 为纵坐标,绘制不同平均速度下的速度分布曲线,结果如图 6-4 所示。

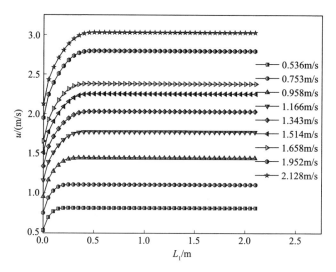

图 6-4 乙二醇在 PTFE 管内的速度分布(层流)

选择自来水在 PP 管内流动的 8 个平均速度作为入口速度,分别为 0.359m/s、0.545m/s、0.725m/s、0.922m/s、1.189m/s、1.423m/s、1.822m/s、2.197m/s。由第 3 章 3.2.1.1 节测量结果可知,自来水在 PP 管表面的表观接触角为 92.0°,本征接触角为 87.8°。因此,自来水在 PP 管内流动,对应的边界滑移速度分别为 0.025m/s、0.038m/s、0.051m/s、0.065m/s、0.084m/s、0.100m/s、0.129m/s、0.155m/s。以入口段长度 L_1 为横坐标,管内的速度 u 为纵坐标,绘制不同平均速度下的速度分布曲线,结果如图 6-5 所示。

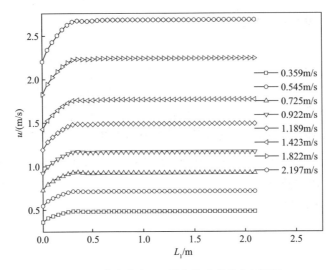

图 6 - 5　自来水在 PP 管内的速度分布(紊流)

从图 6 - 4 和图 6 - 5 可以看出，无论层流还是紊流，管道内的速度分布随平均速度的变化趋势均一致。当入口段长度超过 0.5 m 以后，管道内的速度基本保持不变，这说明管道内的流动均已达到充分发展的状态。因此，循环管路实验平台中选择 2.1 m 作为入口段长度，足以保证测试段内的液体达到充分发展的流动。

6.3.2　平均速度与压降关系

基于模拟结果，分别计算了层流和紊流条件下测试段两端的压降模拟值，并与相应压降实测值进行对比，结果如图 6 - 6 和图 6 - 7 所示。

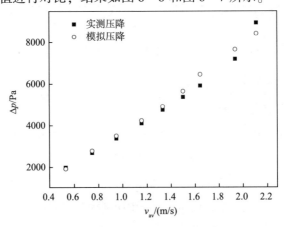

图 6 - 6　乙二醇在 PTFE 管内压降的对比(层流)

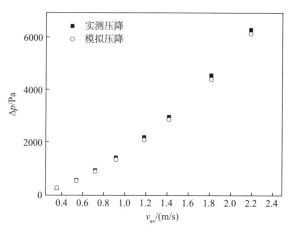

图 6-7 自来水在 PP 管内压降的对比(紊流)

对比图 6-6 和图 6-7 可知,无论层流还是紊流,液体在不同平均速度下的压降模拟值与实测值均非常接近。对于乙二醇在 PTFE 管内的流动模拟,压降模拟值与压降实测值的相对误差最大为 9.26%,最小为 3.07%,平均相对误差为 4.86%。对于自来水在 PP 管内的流动模拟,压降模拟值与实测值的最大相对误差为 4.99%,最小为 2.33%,平均相对误差为 3.67%。考虑到实验测量具有一定的误差,因此,近似说明所采用的数值模拟方法及边界条件的设置具有一定的合理性。

6.4 表观接触角的影响

前期研究表明:管材表面特性比液体性质对管壁润湿性及流动阻力的影响更显著。这是由于根据润湿性的 Cassie 模型可知,管道材质的改变不仅影响固-液界面的表观接触角,而且还影响本征接触角。然而,在一些工程实际应用过程中,管输液体和管材均无法改变,此时如何从润湿性的角度减小液体的流动阻力是一个问题。现阶段一些研究结果表明:对于相同液体在同一管内的流动,可以通过改变壁面的粗糙结构或表面自由能,从而提高固-液界面的润湿性,进而影响流动阻力。因此,本节从这个角度出发,通过数值模拟考察表观接触角对流动阻力的影响。

模拟管输液体选择 26#白油,其基本性质如表 2-4 所示;管材选择 304 不锈钢管。26#白油与 304 不锈钢管的表观接触角和本征接触角分别为 9.2° 和 8.9°。

假设通过物理化学方法能够改变 304 不锈钢管的表面性质，那么白油与其表观接触角将会受到影响。因此，假设白油与 304 不锈钢管的表观接触角分别增大到 27.6°、46.0°、64.4°、82.8°、101.2°、119.6°、138.0°、156.4°，白油在管道内模拟的入口平均流速分别为 1.0m/s、1.5m/s 和 2.0m/s。

6.4.1　接触角与压降关系

以白油与 304 不锈钢管表面的表观接触角为横坐标，测试段两端的压降为纵坐标，绘制 3 个平均速度下的曲线，结果如图 6 - 8 所示。

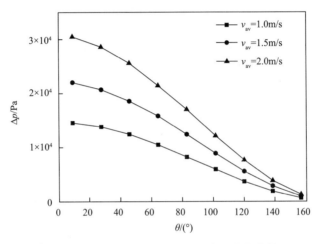

图 6 - 8　白油的压降随表观接触角的变化曲线

图 6 - 8 模拟了不同流速下，白油在测试管段内的压降和表观接触角之间的关系，明显看出在相同流速下，白油的压降随接触角的增大先缓慢减小，当接触角超过 80°以后，压降近似线性减小，这与前期从管材角度开展的实验研究结果基本相符。当白油的平均速度达到 2.0m/s、接触角从 9.2°增大到 156.4°时，白油压降的降幅达到了 95.6%。由此可见，表观接触角对流动压降的影响非常显著。这是因为白油与钢管的本征接触角不变，表观接触角的增大促使自由剪切面所占总表面积的比例显著增大，从而导致壁面的滑移速度增大，最终实现压降的减小。在此说明：尽管模拟白油的最大流速达到 2.0m/s，但其雷诺数仅为 494，仍属于层流流动；对于建立的流动模型，仅考虑了管道壁面存在滑移，并未考虑壁面润湿状态的转变。

6.4.2 滑移速度与摩擦阻力关系

根据模拟结果,绘制了不同流速下摩擦阻力随滑移速度的变化曲线,如图 6-9 所示。

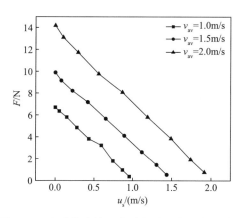

图 6-9 白油的摩擦阻力随滑移速度的变化曲线

从图 6-9 可以更清晰地看出,边界滑移条件明显影响相同条件下管内的流动状态。在相同平均速度下,白油受到的摩擦阻力与壁面滑移速度均成负相关关系,壁面的滑移速度越大,白油受到的摩擦阻力越小。这是由于接触角的增加,减小了黏性切应力,使得滑移效果变明显,滑移速度增大,实现了滑移减阻效应。

6.4.3 速度分布曲线

基于模拟结果,绘制了不同平均速度下,白油在管长方向 3.9m 截面上不同接触角的径向速度分布,结果如图 6-10 和图 6-11 所示。

从图 6-10 发现,当平均速度一定时,尽管固-液界面的接触角不同,但管道内的流速整体均呈现抛物线形状,最大流速均出现在管道中心轴线处,这也与之前的期望相符合。由于管内的平均速度一定,随着接触角的增大,壁面的滑移速度明显增大,抛物线逐渐变得平缓,最大流速也随之减小,此时最大流速与平均流速之间的关系不再是 2 倍的关系。由此可见,滑移速度的存在使得白油的最大流速有向平均速度靠近的趋势。当平均流速为 1.0m/s、接触角达到 156.4°时,白油在管道壁面的滑移速度达到 0.957m/s,最大流速和滑移速度均近似等于白油的平均速度，目前，这种接近极限的情况在实际应用中还很难实现。在图6－11中，当表观接触角为64.4°时，尽管气体与液体接触所占的面积分数保持不变，但入口平均速度的增大导致了边界滑移速度的增大，使得整体抛物线的形状变得陡峭。

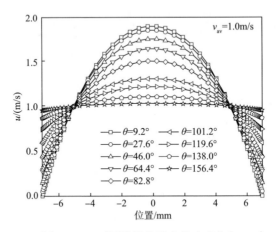

图6－10　不同接触角管内的速度分布

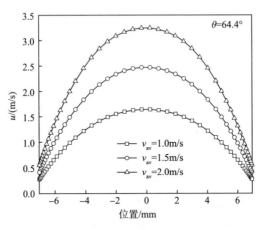

图6－11　管道内不同流速下的速度分布

6.4.4　流场特征分析

借助数值模拟方法，可以更直观地分析管道内的速度场分布。本节以白油在管内的平均流速1.0m/s为例，根据模拟结果给出管长方向3.9m截面上不同接触角管内的速度云图以及速度矢量图，分别如图6－12和图6－13所示。

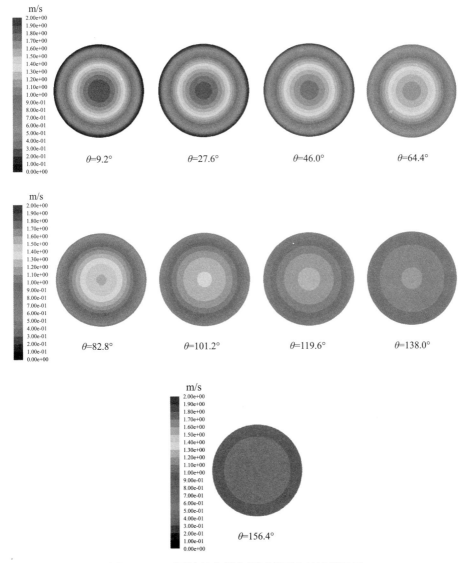

图 6 – 12　不同接触角管内相同截面上的速度云图

从图 6 – 12 可以看出，不同接触角对应的速度云图与理想层流条件下管道内的速度分布类似，均是管内中心位置处的流速最大，不同的是理想管流壁面处的速度为零，而滑移壁面存在一定的滑移速度。在相同图例下，接触角越大，对应速度云图上的速度颜色差别越小，即管壁到管中心的速度梯度越小。更直观地反映在速度矢量图中，如图 6 – 13 所示，由此可见，边界滑移条件使得截面上的速度梯度大幅降低，从而实现滑移减阻效应。

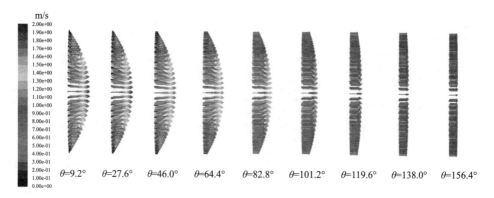

图 6 - 13   不同接触角管内相同截面上的速度矢量图

6.5   管径的影响

通过数值模拟方法，进一步考察管径对润湿界面滑移效果产生的影响。模拟管输液体选择自来水，其基本性质如表 2 - 4 所示；管材选择 304 不锈钢管，本征接触角为 61.5°，两者的表观接触角分别取 62.2°、93.3°、124.4°、155.5°；管径分别取 20mm、30mm、40mm、50mm；入口平均速度取 1.5m/s。

6.5.1   压降

根据模拟结果，计算了不同管径下自来水在不同接触角测试段两端的压降，绘制了压降随接触角的变化曲线，结果如图 6 - 14 所示。

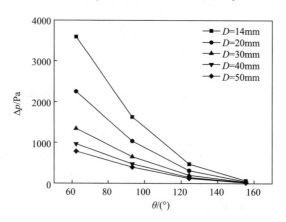

图 6 - 14   不同管径下接触角对压降的影响

从图 6-14 可以看出，在相同管径内，自来水在测试段两端的压降随接触角的增大而减小，这与前期实验和模拟结果均相符。但在不同管径内，接触角均从 62.2°增大到 155.5°，自来水压降减小的幅度却不一致，管径越小，润湿性的变化反而对压降差的影响越大。当管径增大到 50mm 时，即使接触角从 62.2°增大到 155.5°，自来水压降的变化也仅有 765Pa；但当管径缩小至 14mm、接触角仅从 62.2°增大到 93.3°，自来水的压降差已达到 1965Pa；当接触角继续增大到 155.5°时，压降足足减小了 3526.7Pa，降幅达 98.1%。由此可见，接触角增幅越大、管径越小时，润湿性对液体压降的影响越明显。

6.5.2   速度分布曲线

基于模拟结果，绘制了不同管径、相同入口流速下，自来水在不同接触角管内 3.9m 处截面上的径向速度分布，结果如图 6-15 所示。

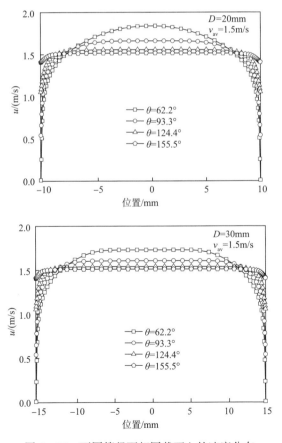

图 6-15   不同管径下相同截面上的速度分布

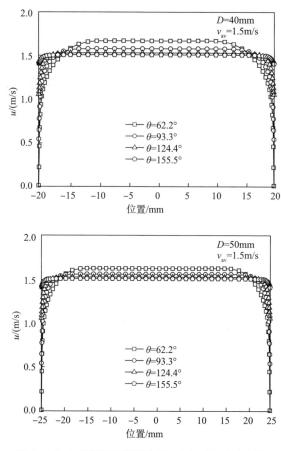

图 6 - 15   不同管径下相同截面上的速度分布(续)

从图 6 - 15 可以看出,在相同管径、相同流速下,相同截面的速度随接触角的增大而减小,这是因为接触角的增大导致了壁面滑移速度的增大,这与表观接触角对流动阻力的影响规律相一致。从不同管径角度来看,接触角均从 62.2°增大到 155.5°时,管道内截面上的速度差距随管径的缩小而变大。这正是管径越小时,润湿性对液体流动压降影响显著的原因。

6.5.3   流场特征分析

根据模拟结果,本节给出了相同流速、不同管径下,自来水在不同接触角管内 3.9m 处截面上的速度云图以及速度矢量图,分别如图 6 - 16 和图 6 - 17 所示。

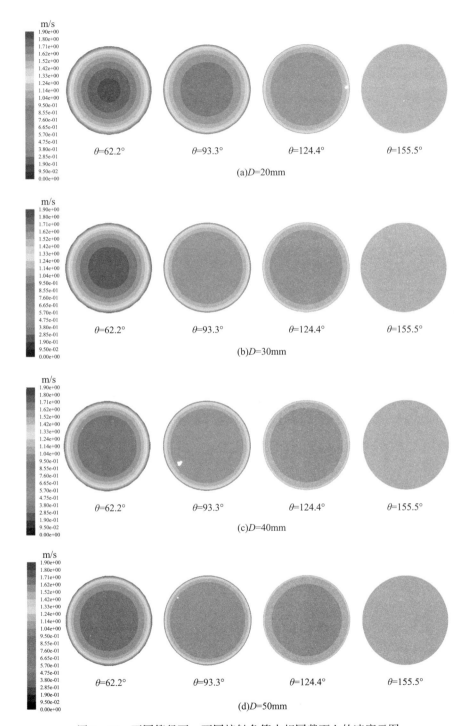

图 6 – 16　不同管径下、不同接触角管内相同截面上的速度云图

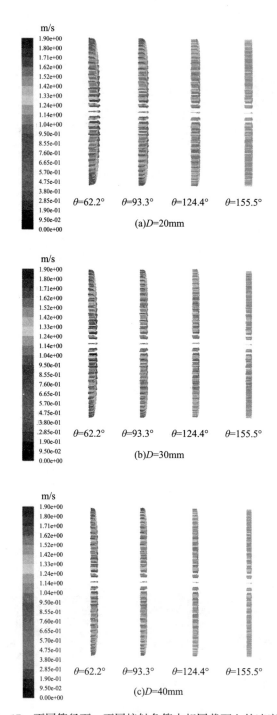

图 6 - 17　不同管径下、不同接触角管内相同截面上的速度矢量图

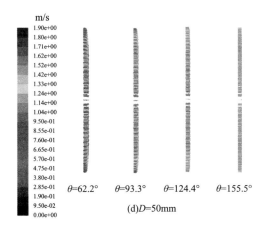

(d)D=50mm

图6－17　不同管径下、不同接触角管内相同截面上的速度矢量图(续)

根据图6－16和图6－17，相同截面上的速度云图和速度矢量图可以更直观地看出，与不同管径的速度分布一致，管径越小，润湿性的作用反映在速度云图和矢量图上为速度颜色差距越大，即速度梯度越大，这为自来水在管内流动的滑移减阻创造了条件。

参考文献

[1]Lee T, Charrault E, Neto C. Interfacial slip on rough, patterned and soft surfaces: A review of experiments and simulations[J]. Advances in Colloid and Interface Science, 2014, 210: 21 – 38.

[2]范少涛. 仿生超疏水表面滑移流动减阻的数值研究[D]. 广州: 华南理工大学, 2015.

[3]逢燕. 微通道内液体流动和换热特性的数值模拟研究[D]. 北京: 北京工业大学, 2011.

[4]常允乐. 表面润湿性对微通道界面阻力影响的研究[D]. 大连: 大连海事大学, 2013.

[5]李春曦, 张硕, 薛全喜, 等. 基于抛物线形气－液界面的超疏水微通道减阻特性[J]. 化工学报, 2016, 67(10): 4126 – 4134.

[6]Bai Q S, Meng X P, Liang Y C, et al. Static and dynamic interface characteristics between functional micro-structure and water[J]. International Journal of Nanomanufacturing, 2015, 11(1/2): 13 – 24.

[7]Deganello D, Croft T N, Williams A J, et al. Numerical simulation of dynamic contact angle using a force based formulation[J]. Journal of Non-Newtonian Fluid Mechanics, 2011, 166(16): 900 – 907.

[8]秦长剑. 介观尺度下微通道边界滑移特性的数值模拟[D]. 大连：大连海事大学，2015.

[9]邓旭辉，张平，许福，等. 具有滑移边界圆管层流减阻的 CFD 模拟[J]. 湘潭大学：自然科学学报，2005，27(1)：85 – 89.

[10]赵士林. 超疏水表面及其微通道滑移流动的研究[D]. 大连：大连理工大学，2009.

[11]刘征. 超疏水微通道传递特性的数值模拟[D]. 大连：大连理工大学，2010.

[12]赵家军. 超疏水表面微通道中滑移流动的实验研究与数值模拟[D]. 大连：大连理工大学，2006.

[13]喻超，陈晓玲，孙蕾. 超疏水表面形貌对层流减阻的数值模拟[J]. 上海交通大学学报，2012，46(2)：312 – 316，322.

[14]Maynes D，Jeffs K，Woolford B，et al. Laminar flow in a microchannel with hydrophobic surface patterned microribs oriented parallel to the flow direction[J]. Physics of Fluids，2007，19(9)：093603.

[15]Cassie A B D，Baxter S. Wettability of porous surfaces[J]. Transactions of the Faraday Society，1944，40：546 – 551.

[16]金晶. 基于超疏水材料的流动减阻与强化传热研究[D]. 天津：河北工业大学，2014.

第7章 润湿性对非金属管道输送能力的影响

7.1 概　述

非金属管材作为一种新型的管道材料，具有耐腐蚀性强、内壁光滑、不易结垢、介质输送阻力小、综合经济效益好等优点，自诞生以来就受到国内外石油石化行业的青睐。现场应用非金属管线有效地缓解了金属管线腐蚀、易泄漏、结垢等问题，为油田安全、高效发展提供了强有力的保障[1-5]。

然而，在新疆油田非金属管线现场使用过程中发现，在相同的输送工况下，非金属管道较金属管道的压降和摩阻不仅没有降低，反而升高。根据经典流体力学的观点，管道摩阻用达西公式来进行计算，影响摩阻大小的主要因素有流体黏度、管径、管长、流速和管道的摩阻系数，摩阻系数的大小又由管壁粗糙度和雷诺数确定，与管道的材质及其表面润湿性无关[6,7]。非金属管道使用过程中出现的这种反常现象与经典流体力学的观点相矛盾，国内外还未见相关研究和报道。

本书第3章、第4章、第5章和第6章围绕润湿性与流动阻力特性的关系从多个角度展开了详细介绍，结果证实：管道内壁材料的表面物理化学性质对管道表面液体的动力学行为具有重要影响。另外，通过前期对非金属管线生产情况的调研也发现：由于缺乏相关标准，使得进入油田市场的管线种类繁多、质量差异较大，导致不同管材表面的润湿性能差别较大。

因此，本章结合前期研究成果来验证出现这种反常现象的原因，并从提高管道输送能力角度提出相应的对策与解决措施[8]，这对于促进油田正常的生产运行以及非金属管道的推广应用具有非常重要的意义。

7.2　油品性质及运行参数

油田现场原油输送流程：采油井口—计量站—金龙 10 混输泵站—红山嘴联合站— 一厂稀油处理站，三级布站工艺流程。其中，金龙 10 混输泵站—红山嘴联合站的管线在替换成 DN150 柔性复合管之前采用的是同管径的 20#碳钢管。油田现场提供的油样命名为 1#油样，油品的管输运行参数如表 7 - 1 所示。

表 7 - 1　金龙 10—红山嘴联合站的管输运行参数

	管长/km	管道内径/mm	起点温度/℃	终点温度/℃	最小液量/(m³/d)
金龙 10—红山嘴联合站	13	150	50	39	225

由于室内管道流动实验装置中的测试管段只有 1.8m，距离比较短，可以忽略流体的温降，认为流体在管道内的输送为等温输送。但在油田现场，金龙 10 混输泵站—红山嘴联合站管线属于热油输送管线，油品的黏度随着油温的降低不断增大。为了计算摩阻系数，首先必须知道油品黏度和温度之间的关系。工程上为了简化计算，规定当一个加热站间起、终点温度下的黏度相差不超过 1 倍时，取起、终点平均温度下的黏度，用等温输送管的方法计算一个加热站间的摩阻，误差不会太大[9]。目前，根据输油管道设计规范[10]选取起点温度、终点温度的权系数分别为 1/3、2/3，因此，计算时油品的温度取平均温度 43℃。

1#油样在 43℃的密度、动力黏度和表面张力分别采用浮子密度计、品式玻璃黏度计和全自动表面张力仪测量，结果如表 7 - 2 所示。

表 7 - 2　1#油样基本物性参数(43℃)

	密度/(g/cm³)	动力黏度/(mPa·s)	运动黏度/(mm²/s)	表面张力/(mN/m)
1#油样	0.903	133.37	147.70	28.65

在 43℃条件下，1#油样在柔性复合管和 20#碳钢管表面的接触角采用接触角测量仪测量，结果如表 7 - 3 所示。

表7-3　1#油品在两种管材表面的接触角

	柔性复合管/(°)	20#碳钢管/(°)
1#油样	15.9	35.9

7.3　摩阻系数和压降对比

假设1#油样在20#碳钢管和柔性复合管内都以最小输量进行输送，根据经典流体力学基本公式，计算油品流动时的雷诺数和在两种管道内的理论摩阻系数。将1#油样的雷诺数与两种管道的实测接触角代入本书第4章得到的对应流态下润湿性与摩阻系数的定量关系式中，计算出摩阻系数拟合值，进而反算出油品在两种管道内的压降。结果如表7-4所示。

表7-4　两种管材摩阻系数和压降的对比

管材	摩阻系数理论值	摩阻系数拟合值	摩阻系数增量/%	压降/MPa	压降增量/%
柔性复合管	0.42763	0.44866	4.92	0.38126	3.80
20#碳钢管	0.42763	0.43226	1.08	0.36732	

由表7-4可以看出，对于同一油样，在最小输量下，应用柔性复合管和20#碳钢管输送的摩阻系数拟合值均比理论值高4.92%和1.08%。这是由于1#油样在两种管道表面的接触角分别为15.9°、35.9°，均小于得到的临界接触角。因此，两种管道内的摩阻系数拟合值均比理论值高。此外，我们发现相同流量下，柔性复合管内的压降比20#碳钢管高3.80%，这与油田现场所观察到的实际情况相一致，也反映出表面润湿性确实对流体流动的摩阻系数和压降产生影响。

这可能是由于尽管1#油样在柔性复合管表面的接触角小于碳钢管，但其接触角的余弦值较大，从而导致在柔性复合管内的摩阻系数比碳钢管大。当固-液界面较小时，固体壁面更容易被润湿，这大大增加了管壁与流体分子之间的作用力以及边界层内流体的径向速度梯度，因此，壁面滑移难以发生，压降与预期相反。压降增加较小的原因是：从温度角度看，润湿性与摩阻系数的定量关系式中接触角的适用范围是(28±0.5)℃，而1#油样的平均输送温度为43℃，较低的温度会使1#油样的表面张力增大，导致接触角增大，最终导致摩擦系数和压降变小。

7.4　管径与接触角差值的影响

7.4.1　管径

根据管材尺寸规格选取 $DN20$、$DN32$、$DN40$、$DN50$、$DN65$、$DN80$、$DN100$、$DN150$ 和 $DN200$ 9 种型号管径的柔性复合管和20#碳钢管作为研究对象，假设经济流速均为 0.8m/s，管输距离均为 13km。1#油样在柔性复合管和20#碳钢管的接触角分别为15.9°和35.9°，接触角差值为20°。根据润湿性与摩阻系数的定量关系式，分别计算出两种管道在不同管径下的雷诺数和摩阻系数，反算出压降，并计算两者之间的压降差，对比分析不同管径对两种管道压降差的影响规律，结果如图 7 - 1 所示。

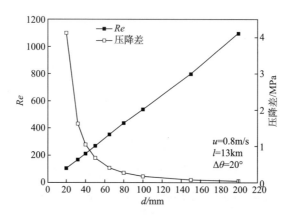

图 7 - 1　管径对两种管道压降差和雷诺数的影响

由图 7 - 1 可知，在相同流速、管输距离、接触角差值的前提下，两种管道的压降差随管径的减小先缓慢增大而后急剧增大。雷诺数 Re 随着管径的增大而增大。当管径从 $DN150$ 缩小到 $DN100$ 时，压降差仅增大了 0.096MPa，增大的幅度并不明显。但当管径从 $DN100$ 缩小到 $DN50$ 时，压降差却增大了 0.508MPa。相反，当管径大于 $DN200$ 时，压降差小于 0.043MPa，润湿性的影响几乎可以忽略。

7.4.2　接触角差值

选取 *DN*50、*DN*65、*DN*80、*DN*100、*DN*150 和 *DN*200 6 种型号管径的柔性复合管和 20#碳钢管为研究对象，假设经济流速均为 0.8m/s，管输距离均为 13km，1#油样在柔性复合管表面的接触角为 15.9°。假设采用各种方法将 1#油样的接触角分别提高到 20.9°、25.9°、30.9°、35.9°、55.9°、85.9°、115.9°、145.9°、165.9°。根据润湿性与摩阻系数的定量关系式，分别计算出两种管道在不同管径、不同接触角差值下的摩阻系数，反算出压降，并计算两者之间的压降差，对比分析不同接触角差值对两种管道压降差的影响规律，结果如图 7 – 2 所示。

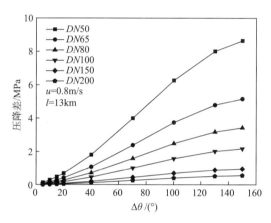

图 7 – 2　接触角差值对两种管道压降的影响

从图 7 – 2 可以看出，在相同流速和管输距离前提下，对于同种管径的柔性复合管和 20#碳钢管，它们的压降差随接触角差值的增大而增大，管径越小，压降差增大的幅度越大。对于 *DN*50 管道，当接触角差值达到 150°，柔性复合管和 20#碳钢管的压降差达到 8.639MPa，但对于 *DN*200 管道，压降差仅有 0.55MPa。此外，管径越小，两种管道压降差增大的幅度越大。由此可见，接触角差值越大、管径越小时润湿性对两种管道摩阻系数和压降差的作用越明显。

综上所述，对于集输管线，当管径小于 *DN*50 时，表面润湿性对摩阻系数和压降影响很大，润湿性的作用必须考虑；当管径大于 *DN*50 小于 *DN*200 时，表面润湿性的影响取决于接触角的差值，即接触角差值越大、管径越小时润湿性对摩阻系数和压降差的作用越明显；当管径大于 *DN*200 时，润湿性的影响几乎可以忽略。但对于长输管线，若接触角的差值较大，润湿性的影响仍需考虑。

7.5 管材与输送液体的配伍性

通过 7.4 节可知，理论上，改变管道直径和接触角可以影响管道内液体的流动阻力。但在实际应用中，难以在原有管道的基础上，通过各种方法来提高液体的接触角。根据润湿性基本理论，润湿性是固体材料表面结构性质、液体性质、固 – 液界面分子力等微观性质相互作用的宏观结果[11]。因此，固液两相性质的变化会影响固 – 液界面的润湿性，进而会影响液体的流动阻力。从现场应用的角度来看，对于同一种液体，可以选择不同类型的管道来输送；同样，对于现有的管道，可以输送不同种类的液体。因此，本节以油田使用的柔性复合管和 1#油为研究对象，分别从液体与管材的配伍性角度探讨各自适用的管道输送液体与管材。

7.5.1 柔性复合管与输送液体

根据前期研究，本书选择了 3 类典型的液体来模拟输送的液体。油类包括二甲基硅油和 26#白油，醇类包括环己醇、5% 环己醇、乙二醇、33% 乙二醇和 50% 丙三醇，此外还有蒸馏水。不同液体的表面张力和在柔性复合管表面的接触角如图 7 – 3 所示。

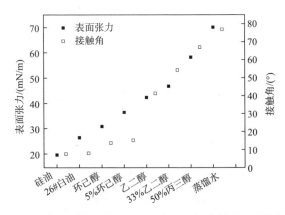

图 7 – 3 不同液体的表面张力和在柔性复合管表面的接触角

从图 7 – 3 可以看出，不同液体在柔性复合管表面的接触角顺序为：水 > 醇类 > 油类。根据润湿性与摩阻系数的定量关系式，当测量的接触角大于临界接触角（39.9°）时，在相同雷诺数下，表面接触角越大，摩擦系数越小。由图可知，有 4 种液体在柔性管道表面的接触角超过 39.9°，分别是乙二醇，33% 乙二醇，

50%丙三醇和蒸馏水。此外，我们发现液体的接触角随着液体表面张力的增大而增大。因此，柔性复合管更适合输送表面张力较高的液体，如水、醇类。

7.5.2 1#油品与输送管材

除柔性复合管外，选取新疆油田现场应用的其他 3 种复合管[玻璃钢（FRP）、钢骨架（SRPE）、塑料合金（PACP）]为研究对象，以及其他 6 种常用管材模拟非金属管材。常用的材料有聚乙烯（PE）、聚丙烯（PP）、聚氯乙烯（PVC）、聚四氟乙烯（PTFE）、玻璃（Glass）和有机玻璃（Plexiglass）。1#油品在各管道表面的接触角如图 7 - 4 所示。

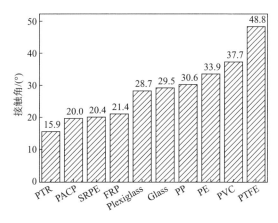

图 7 - 4 1#油样在不同管材表面的接触角

由图 7 - 4 可知，1#油品在不同管材上的接触角大小分别为：PTFE > PVC > PE > PP > Glass > Plexiglass > FRP > SRPE > PACP > PTR。根据润湿性与摩阻系数的定量关系式，当测量的接触角超过临界接触角（39.9°）时，摩阻随接触角的增大而减小。因此，这 10 种管材中只有 PTFE 管满足条件。考虑到聚四氟乙烯管材的生产成本较高，四种非金属管材的应用范围广，认为 FRP 更适用于输送 1#油品。

参考文献

[1]狄萌，张路春，王俊清. 非金属管道在油田中的应用[J]. 中国石油和化工标准与质量，2012，32(1)：248 - 249.

[2]夏新宇, 冯玉华, 李铁钉. 非金属管道在新疆油田的应用及分析[J]. 油气田地面工程, 2013, 32(11): 142 – 143.

[3]Zhou Y X, Chen B, Li J Y. Application and evaluation of non-metallic pipeline in lamadian oilfield[J]. Advanced Materials Research, 2013, 694 – 697: 521 – 525.

[4]Mustaffa Z B, Albarody T M B. Flexible thermosetting pipe[J]. Advanced Materials Research, 2014, 983: 444 – 449.

[5]Haghdan S, Smith G D. Natural fiber reinforced polyester composites: A literature review[J]. Journal of Reinforced Plastics and Composites, 2015, 34(14): 1179 – 1190.

[6]周锦铭, 郭岩宝, 乔小溪, 等. 限域流动空间内固液边界滑移的临界尺度与作用规律[J]. 润滑与密封, 2013, 38(11): 9 – 13.

[7]谭德坤. 微流道内表面效应对流体流动及传热特性的影响[D]. 南昌: 南昌大学, 2014.

[8]Qi H Y, Liang A G, Jiang H Y, et al. Surface wettability and flow properties of non-metallic pipes in laminar flow[J]. Chinese Journal of Chemical Engineering, 2020, 28(3): 636 – 642.

[9]王卫东. 原油输送管道工艺计算及校核计算方法的研究[J]. 中国石油和化工标准与质量, 2013, 33(2): 231.

[10]蒋华义. 输油管道设计与管理[M]. 北京: 石油工业出版社, 2010.

[11]Gennes P G D. Wetting: statics and dynamics[J]. Review of Modern Physics, 1985, 57(3): 827 – 863.

第8章 润湿性的影响因素及其预测模型

8.1 概　述

由于真实固体表面几何形貌相态各异、表面不均匀以及固体化学组成复杂，再加上外部环境条件如压力、温度等的改变也会对润湿性产生影响，这就使得润湿性的影响因素研究比较复杂。但根据国内外研究表明，润湿性的影响因素主要由固体表面物理结构以及表面化学组成决定[1-5]。

固－液界面的接触角会直接受到液滴表面张力的影响，液滴的表面张力值越大，其液滴的自我收缩能力越强，水分子之间的相互作用力会越大，不同的液体表面张力都不同。不同化学组成的固体表面，其表面张力有显著的差异，特别是固体表面粗糙度比较低时，表面化学成分对固－液界面润湿有决定性的作用[6]。

固体表面自由能(又称表面张力)，一般按其大小分成两大类，即高能表面和低能表面。常见的高能表面有金属及其氧化物以及一些无机盐等，其表面很容易被液体润湿。相对低能表面不容易被液体润湿，其中主要包括有机固体和高分子聚合物两大类别的物质。因此，一些学者已发现或制备出多种低表面能的物质来修饰固体材料表面，减小固体的表面能，以此来增强固体表面的疏液性，如含氟化物及聚合物类[7-9]、脂肪烃及衍生物类[10]、有机硅树脂类[11]等。Zisman等[12,13]系统做了大量关于不同表面能润湿实验，实验表明高分子固体的表面能与其表面的化学组成有关。

另外，外部环境对表面润湿性的影响复杂，主要通过影响改变表面的微观结构或基团的排序改变固体表面润湿性。一些学者研究分析了如电[14,15]、溶剂[16]、温度与pH[17]等因素对表面润湿性的影响或改变。此外，也可以借助或人为改变特定的环境条件调控固体表面的润湿性。

针对固体表面粗糙度以及微观形貌对润湿性的影响，Young、Wenzel、Cassie 和 Baxter 等人很早就开展了深入的研究，提出了润湿性的三个经典理论模型，分别为 Young 模型、Wenzel 模型以及 Cassie-Baxter 模型。尽管三个经典模型都从理论上建立了材料本征接触角、表观接触角与液体表面张力、固体表面粗糙度、固体表面能之间的关系[18-20]，但在实际工程应用中，固体材料表面的真实几何形貌相态各异，千差万别，难以计算出真实表面的粗糙度因子或固相所占的面积分数，且材料的本征接触角难以获得，若采用其指导与润湿性相关的工程实际应用问题难免有些牵强[21,22]。因此，非常有必要深入研究影响管道表面润湿性的主要因素，并根据这些因素合理指导管壁与液体之间润湿性能的改变方向，从而影响液体在管道内的流动行为，达到最优的减阻效果。

本章以接触角作为润湿性的评价指标，采用单因素实验和均匀设计实验，研究材料表面粗糙度、固体表面能、液体表面张力、固体表面几何形貌及元素种类对接触角的影响规律，从实际应用的角度提出新的接触角预测模型，并验证模型的准确性，分析各因素对接触角影响的显著程度。

8.2　表面粗糙度

（1）材料的表面粗糙度

以 PTFE、PVC、PP、PE、有机玻璃、玻璃、塑料合金、玻璃钢、柔性复合 9 种材料为研究对象，采用 TR200 表面粗糙度测量仪分别测量了用 60～1200 目砂纸处理不同材料试件后的表面粗糙度值 R_a，结果如图 8-1 所示。

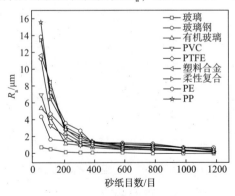

图 8-1　不同材料不同目数对应的表面粗糙度

（2）表面粗糙度对接触角的影响

由于实验条件限制，无法得到任意粗糙度或任意表面能的材料，因此，假设材料表面能 γ_S 在一个很小范围内保持不变。根据实验测定的不同材料试件表面的粗糙度值和表面能值，归纳整理出相同表面能、不同表面粗糙度的材料试件，并采用 JC2000D2 接触角测定仪分别测量室温下 $[(28 \pm 0.5)℃]$ 蒸馏水在其表面的接触角 θ，结果如图 8 − 2 所示。

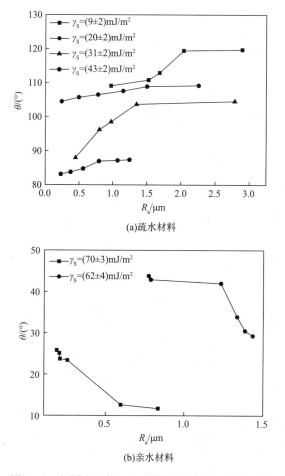

(a)疏水材料

(b)亲水材料

图 8 − 2　相同表面能下表面粗糙度对接触角的影响

从图 8 − 2 可以看出，当液体表面张力和固体表面能一定时，材料表面的粗糙度对接触角的影响规律呈现两种相反趋势：疏水材料表面的接触角随粗糙度的增大而不断增大，亲水材料表面的接触角随粗糙度的增大反而不断减小。这与 Wenzel 模型中固体表面粗糙度对接触角的影响规律相一致。造成这种现象的原因是：对于亲水材料，液滴与材料表面接触形成的空隙比较小，截留的空气较少，使得表面接触角较小，若增大亲水材料表面粗糙度，反而增大了液滴与材料表面接触的面积，使得更多水滴渗入到空隙中，接触角变得更小；但对于疏水材料，由于原始材料表面的接触角已较大，若继续增大材料表面粗糙度，将会形成更多尺度的微纳米结构，减小液滴与表面的接触面积，阻止液滴渗入到空隙中，形成更大的接触角。

8.3 固体表面能

由于实验条件限制，无法得到任意粗糙度或者任意表面能的固体材料，因此，假设材料表面粗糙度在一个很小范围内保持不变，根据测量结果，归纳整理出相同粗糙度下不同表面能的材料试件，并采用 JC2000D2 接触角测定仪分别测量室温下 [(28 ±0.5)℃] 蒸馏水在其表面的接触角，结果如图 8-3 所示。

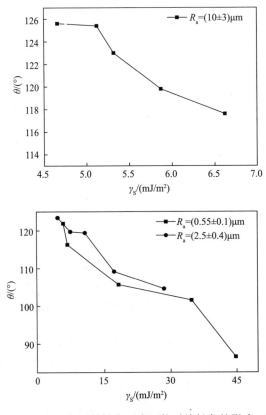

图 8-3 相同粗糙度下表面能对接触角的影响

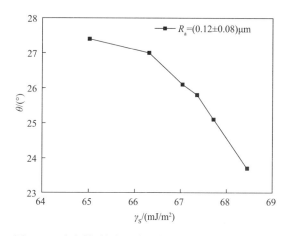

图 8 – 3　相同粗糙度下表面能对接触角的影响(续)

由图 8 – 3 可知，当材料表面粗糙度一定时，固 – 液界面的接触角均随材料表面能的增加而减小。造成这种现象的主要原因是实验液体均为蒸馏水，其表面张力(70.13mN/m)保持不变，实验中随着固体表面能的增大，液体表面张力与固体表面能的差值变小，使得这种固体材料易被液体润湿，接触角变小。当固体表面能小于 44.95mJ/m² 、材料表面粗糙度在(0.55 ± 0.1)μm 范围内时，液体和固体之间的接触角几乎都超过 90°，随着粗糙度的增大，固 – 液界面的接触角也随之增大。

8.4　液体表面张力

(1)不同液体的表面张力

根据实验需求筛选并配制了 8 种液体作为研究对象，分别为二甲基硅油、26#白油、环己醇、乙二醇、乙二醇和水(体积比 1 : 2)、甲酰胺和水(体积比 1 : 1)、甘油和蒸馏水，并采用全自动张力仪分别测量 28℃下 8 种液体的表面张力 γ_L ，结果如表 8 – 1 所示。

表 8 – 1　8 种液体的表面张力(28℃)

液体	二甲基硅油	26#白油	环己醇	乙二醇	乙二醇和水(1 : 2)	甲酰胺和水(1 : 1)	甘油	蒸馏水
表面张力 γ_L/(mN/m)	19.99	29.45	31.13	42.56	46.96	53.77	62.70	70.13

（2）液体表面张力对接触角的影响

选取有代表性的疏水材料 PTFE 板、PE 板和亲水材料玻璃片作为实验材料，根据 2.4.4 节和 2.4.5 节中的测定方法，测量 3 种材料的表面粗糙度和表面能，结果如表 8 - 2 所示。

表 8 - 2　3 种材料的表面粗糙度和表面能

	玻璃片	PE 板	PTFE 板
表面粗糙度 $R_a/\mu m$	0.026	0.298	1.027
表面能 $\gamma_S /(mJ/m^2)$	42.31	32.22	17.45

采用 JC2000D2 接触角测定仪，分别测量 8 种液体在 3 种材料试件表面的接触角，研究液体表面张力对接触角的影响，结果如图 8 - 4 所示。

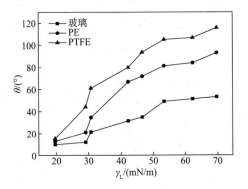

图 8 - 4　液体表面张力对接触角的影响

从图 8 - 4 可知，对于 3 种材料，不管是亲水还是疏水材料，固 - 液界面的接触角均随液体表面张力的增大而增大，这与 Young 氏方程得到的结论一致。对于固定的材料，接触角的余弦值与液体的表面张力成反比。造成这种现象的主要原因是由于固体材料相同，即固体表面粗糙度和固体表面能不变，液体表面张力的增大，导致液体表面张力与固体表面能之间的差值增大，固体表面对液体表面的相对吸引力变小，液滴形状更加趋于球形，形成的接触角也越大。

8.5　表面形貌及元素

根据前期资料调研分析，固体表面微观几何形貌及元素种类也是影响润湿性的重要因素。因此，为进一步更直观地从微观角度定性研究其对润湿性的影响，本节以取自新疆油田现场使用的 4 种非金属复合管道(玻璃钢管、钢骨架塑料复合管、柔性复合管、塑料合金复合管)为研究对象,采用 JSM-6390A 型扫描电子显微镜(SEM)对 4 种管材表面的微观形貌进行了扫描,结果如图 8-5 ~图 8-8 所示。

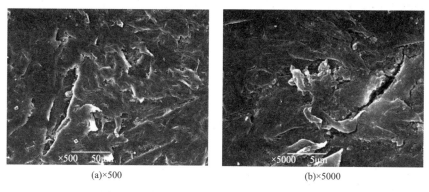

(a)×500　　　　　　　　　　　　　　(b)×5000

图 8-5　钢骨架塑料复合管表面的 SEM 照片

(a)×500　　　　　　　　　　　　　　(b)×5000

图 8-6　塑料合金复合管表面的 SEM 照片

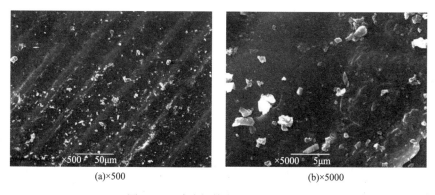

(a)×500　　　　　　　　　　　　　　(b)×5000

图 8-7　玻璃钢管表面的 SEM 照片

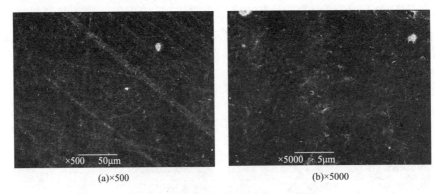

(a)×500   (b)×5000

图 8 - 8　柔性复合管表面的 SEM 照片

同条件下，采用 EDS 能谱分析了 4 种管材的表面元素种类及含量，结果如表 8 - 3 所示。然后采用 JC2000D2 接触角测定仪分别测量了蒸馏水在 4 种管材试件表面的接触角，结果如表 8 - 4 所示。

表 8 - 3　4 种管材表面的元素种类及含量

	C/%	O/%	Si/%	Ca/%	Al/%	Fe/%	Cl/%
玻璃钢	54.48	21.82	12.62	7.80	3.28	—	—
钢骨架	84.84	9.12	—	1.6	—	6.14	—
柔性复合	85.10	14.90	—	—	—	—	—
塑料合金	45.94	8.74	—	4.53	—	—	40.79

表 8 - 4　蒸馏水在 4 种管材表面的接触角

液体	接触角 $\theta/(°)$			
	钢骨架	塑料合金	玻璃钢	柔性复合
蒸馏水	86.73	79.12	78.78	65.24

由表 8 - 4 可见，蒸馏水在 4 种管材表面的接触角大小为：钢骨架复合管 > 塑料复合管 > 玻璃钢管 > 柔性复合管。造成这种现象的原因与管材表面的表面能、表面粗糙度、几何形貌以及元素种类密不可分。

采用 Owens 二液法分别测定了 4 种管材的表面能，从大到小依次为：柔性复合管（36.88mJ/m²）、玻璃钢管（27.42mJ/m²）、塑料复合管（26.88mJ/m²）、钢骨架复合管（22.76mJ/m²）。由表 8 - 4 可知，水在柔性复合管的接触角最小，这是由于固体表面能与接触角成负相关，管材表面的表面能越大，接触角越小。

另外，采用 TR200 表面粗糙度仪测量了 4 种管材试件表面的算术平均粗糙度

R_a，从大到小依次为：钢骨架复合管（2.792μm）、塑料合金复合管（1.236μm）、玻璃钢管（1.224μm）、柔性复合管（0.24μm）。尽管 4 种管材的粗糙度值差别不大，但微观几何形貌却差别很大。从图 8-5(a)钢骨架试件表面的 SEM 照片可观察到，一些不规则、不同尺寸的片状结构相互叠加分布在钢骨架材料的表面，形成很多大小不一的空隙。图 8-5(b)放大 5000 倍后，可以清晰看到一些纳米级近似圆形的颗粒分布在片状结构的各个表面上，正是这样的结构相互叠加形成的空隙，截留了更多的空气，形成较大的接触角。从图 8-6(a)和(b)塑料合金试件表面的 SEM 照片可知，除个别小尺寸的颗粒相互黏接形成约 5~10μm 大的颗粒堆外，其余表面整体分布着比较均匀的 2μm 左右的凸起颗粒。虽然塑料合金管道表面分布着许多微米级的颗粒，但整体颗粒凸起的高度没有钢骨架的高，也就是说形成的表面空隙没有钢骨架的多，截留的空气较少，因此，蒸馏水在其表面形成的接触角不如钢骨架管。而实验所用的低压玻璃钢管，主要以无碱玻璃纤维为增强材料，高分子成分的环氧树脂为基体材料，经过连续缠绕成形、固化而成，因此，从图 8-7(a)玻璃钢试件表面的 SEM 照片中，可以明显看到一根根整齐排列的凸起玻璃纤维丝，大量微米级不规则的小颗粒杂乱地分布在纤维丝之间的沟壑中。然而平均两根纤维丝的间距高达 50μm，从放大 5000 倍的图 8-7(b)看出，其表面基本为平面，所以液体易渗入表面的沟壑中，与材料表面的接触面积变大，导致形成接触角较小。对于柔性复合管，如图 8-8(a)和(b)所示，其表面除了一些无序的直线划痕外，整体比较光滑，即使放大 5000 倍的表面，也仅仅存在个别纳米级的凹坑，因此液体在其表面形成的接触角最小。

　　另一方面，根据西斯曼 Zixman 等[23]的研究，高分子固体的润湿性质与其分子的元素组成有关。在碳氢链中引入其他杂原子，将明显改变高聚物的润湿性能，各种杂原子增进固体可润湿性的顺序依次为：N > O > Cl > H > F。从表 8-3 可知，4 种管材表面元素的种类及含量差别很大，只有柔性复合管表面仅含有 C 和 O 元素，其他表面均含有不同含量的杂原子。塑料合金复合管主要由塑料合金内衬层和增强层两部分构成。它的内表面主要由氯化聚氯乙烯树脂、聚氯乙烯树脂、氯化聚乙烯树脂等材料共混拉制而成，这造成塑料合金管道表面 Cl 元素的含量高达 40.79%。钢骨架表面只含有微量的 Fe、Ca 元素，而玻璃钢表面引入了各种杂原子，可能形成 Al_2O_3、SiO_2、CaO 等氧化物，大大增进了管道表面可润湿的能力。

　　由此可见，液体在固体表面形成的接触角大小是固体表面能、固体表面粗糙度及表面形貌、液体表面张力、固体表面化学元素种类及含量等因素共同作用的结果。

8.6 润湿性预测模型

通过润湿性的单因素实验可知，固体表面粗糙度、固体表面能、液体表面张力、固体表面几何形貌及元素含量均对接触角有影响，但由于固体表面几何形貌及元素含量无法进行定量描述，因此在此仅考虑固体表面粗糙度、固体表面能、液体表面张力 3 个因素与接触角的定量关系。为了得到新的接触角预测模型，分析各因素对接触角影响的显著程度，采用均匀设计法进行实验方案的设计，利用 SPSS 软件对实验结果进行回归分析，得到 3 个影响因素与接触角的定量关系式，从理论上进一步分析各因素对接触角的影响。

8.6.1 均匀设计实验

根据前面单因素实验研究结果，选取固体表面粗糙度 R_a、固体表面能 γ_S、液体表面张力 γ_L 3 个因素作为自变量，接触角 θ 为因变量，研究各个因素对接触角的影响。

由于实验管材表面大多比较光滑、表面粗糙度较小，因此选取表面粗糙度的取值范围为 0.231 ~ 2.183μm；油田现场管输流体介质大多为油、水或混合物，因此液体表面张力最大值选取水的值为上限，则取值范围为 19.99 ~ 70.13mN/m；管材表面能的取值范围为 5.30 ~ 72.95mJ/m²。实验管材的选取仍以不同目数砂纸处理后的 9 种材料为主。根据液体表面张力的取值范围，筛选了 10 种液体作为实验对象，其密度及表面张力如表 8 - 5 所示。

表 8 - 5 不同液体表面张力(28℃)

材料	密度 ρ / (g/cm³)	表面张力 γ_L / (mN/m)	材料	密度 ρ / (g/cm³)	表面张力 γ_L / (mN/m)
二甲基硅油	0.964	19.99	乙二醇和水(1:2)	1.052	46.96
0#柴油	0.818	26.03	甲酰胺和水(1:1)	1.070	53.77
环己醇	0.943	31.13	甘油和水(1:1)	1.181	58.29
环己醇和水(1:20)	0.952	36.68	甘油	1.263	62.70
乙二醇	1.115	42.56	蒸馏水	0.995	70.13

根据各个因素的取值范围，分别取 10 个水平，具体取值如表 8-6 所示。

表 8-6 选取的因素及水平

因素		表面粗糙度 R_a/μm	液体表面张力 γ_L/(mN/m)	固体表面能 γ_S/(mJ/m²)
水平	1	0.231	19.99	5.30
	2	0.444	26.03	13.51
	3	0.594	31.13	20.18
	4	0.797	36.68	28.81
	5	0.970	42.56	35.11
	6	1.228	46.96	42.07
	7	1.446	53.77	50.38
	8	1.684	58.29	59.40
	9	1.750	62.70	64.11
	10	2.183	70.13	72.95

查均匀设计表可知，

$U_8^*(8^5)$ s = 3 时，偏差 $D = 0.200$；$U_9^*(9^4)$ s = 3 时，偏差 $D = 0.1980$；

$U_{10}^*(10^8)$ s = 3 时，偏差 $D = 0.1681$；$U_{11}^*(11^4)$ s = 3 时，偏差 $D = 0.2307$；

$U_{12}^*(12^{10})$ s = 3 时，偏差 $D = 0.1838$……

经过研究分析，结合实际情况以最小偏差为主要原则，最终选择 $U_{10}^*(10^8)$ 均匀设计表的 3 因素 10 水平安排实验。$U_{10}^*(10^8)$ 均匀设计表及其使用表如表 8-7、表 8-8 所示。

表 8-7 $U_{10}^*(10^8)$ 均匀设计表

列号	1	2	3	4	5	6	7	8
1	1	2	3	4	5	7	9	10
2	2	4	6	8	10	3	7	9
3	3	6	9	1	4	10	5	8
4	4	8	1	5	9	6	3	7
5	5	10	4	9	3	2	1	6
6	6	1	7	2	8	9	10	5
7	7	3	10	6	2	5	8	4
8	8	5	2	10	7	1	6	3

续表

列号	1	2	3	4	5	6	7	8
9	9	7	5	3	1	8	4	2
10	10	9	8	7	6	4	2	1

表 8-8 $U_{10}^*(10^8)$ 的使用表

S(因子数)	列号						D
2	1	6					0.1125
3	1	5	6				0.1681
4	1	3	4	5			0.2236
5	1	3	4	5	7		0.2414
6	1	3	4	5	6	8	0.2994

根据均匀设计表及其各因素的水平取值表，设计润湿性影响因素的实验方案，并根据实验方案安排实验，结果如表 8-9 所示。

表 8-9   均匀设计实验方案及结果

列号	表面粗糙度 R_a/ μm	液体表面张力 γ_L/ (mN/m)	固体表面能 γ_S/ (mJ/m²)	接触角 θ/ (°)
1	0.231	42.56	50.38	52.4
2	0.444	70.13	20.18	105.7
3	0.594	36.68	72.95	11.4
4	0.797	62.70	42.07	88.3
5	0.970	31.13	13.51	55.8
6	1.228	58.29	64.11	64.2
7	1.446	26.03	35.11	14.9
8	1.684	53.77	5.30	104.5
9	1.750	19.99	59.40	18.9
10	2.183	46.96	28.81	108.6

8.6.2   SPSS 回归分析

由于润湿性的 3 个影响因素具有不同单位，且表面粗糙度与其他两个因素的水平不在一个数量级上，因此为了减小拟合模型的误差，回归分析前需要对各变量进行归一化处理。

常用数据归一化处理的方法主要有最小 - 最大标准化、Z-score 标准化。在此,文中采用最小 – 最大标准化方法对数据进行归一化处理。这种方法是对原始数据进行线性变换,使其结果映射到[0~1]之间。转换函数如下:

$$\tilde{x} = \frac{x - min}{max - min} \tag{8-1}$$

其中, min 为样本数据的最小值, max 为样本数据的最大值。

因此,根据影响润湿性自变量和因变量的取值范围,应用式(8-1)可得转换函数为:

$$\tilde{R}_a = \frac{R_a - 0.231}{2.183 - 0.231}, \quad \tilde{\gamma}_L = \frac{\gamma_L - 19.99}{70.13 - 19.99}, \quad \tilde{\gamma}_S = \frac{\gamma_S - 5.3}{72.95 - 5.3}, \quad \tilde{\theta} = \frac{\theta - 11.4}{108.6 - 11.4}$$

对润湿性影响因素的均匀设计实验结果进行归一化处理后,结合润湿性的单因素实验研究,建立了接触角的预测模型,如式(8-2):

$$\cos\tilde{\theta} = b_1 \times \ln\tilde{\gamma}_L + b_2 \times \tilde{\gamma}_S + b_3 \times (\tilde{R}_a)^2 \tag{8-2}$$

其中, b_1、b_2、b_3 均为系数。

进一步使用 SPSS 软件对模型及相关系数进行检验,结果如表8-10~表8-13 所示。

表 8-10　回归模型

模型	R	R^2	调整后的 R^2	标准估算的错误	更改统计量		
					R^2变化	F 更改	显著性 F 更改
1	0.993	0.985	0.978	0.08987509	0.985	132.650	0.000

表 8-11　方差分析

模型		平方和	自由度	均方	F	显著性
1	回归	3.214	3	1.071	132.650	0.000
	残差	0.048	6	0.008		
	总计	3.263	9			

表 8-12　模型系数

模型		非标准化系数		t	显著性	共线性统计	
		B	标准错误			容许	VIF
1	$\ln\tilde{\gamma}_L$	-1.133	0.109	-10.368	0.000	0.529	1.189
	$\tilde{\gamma}_S$	0.543	0.074	7.301	0.000	0.579	1.727
	$(\tilde{R}_a)^2$	-0.467	0.092	-5.055	0.002	0.806	1.240

表 8 – 13　共线性诊断

模型	维度	特征值	条件指数	方差比例		
				$\tilde{\gamma}_S$	$(\tilde{R}_a)^2$	$\ln\tilde{\gamma}_L$
1	1	1.956	1.000	0.11	0.10	0.11
	2	0.702	1.670	0.18	0.84	0.04
	3	0.342	2.391	0.71	0.06	0.86

由表 8 – 10 可知，润湿性预测模型的调整精度 R^2 为 0.978，且模型通过 F 检验的显著性更改为 0.000，可见模型中各系数不全为 0，拟合精度较高。由表 8 – 11 可知，F 值为 132.650，显著性为 0.000，说明所用的模型具有统计学意义。由表 8 – 12 可知，模型经过 t 检验的显著性均小于 0.05，可知各个系数都不为 0，通过共线性诊断，容许度均大于 0.1，VIF 均小于 10，可知各个变量之间不存在共线性问题。由表 8 – 13 可知，5 个维度的特征值都不为 0，条件指数大多数都小于 10，证明各个变量之间不存在多重共线性问题。综上所述，回归模型较为合理。

将 SPSS 回归分析得到的系数代入式（8 – 2）中，得到 3 个影响因素与接触角之间归一化的定量关系式：

$$\cos\tilde{\theta} = -1.133 \times \ln\tilde{\gamma}_L + 0.543 \times \tilde{\gamma}_S - 0.467 \times (\tilde{R}_a)^2 \qquad (8-3)$$

对式（8 – 3）分析可得：

（1）液体表面张力对接触角的影响权重最大，固体表面能次之，粗糙度最小；

（2）接触角的余弦值与固体表面粗糙度的平方成负相关，即接触角与固体表面粗糙度的平方成正相关，说明固体表面粗糙度对接触角的影响呈现两种不同的趋势；

（3）接触角的余弦值与表面能成正相关，随着表面能的增大，接触角减小；

（4）接触角的余弦值与液体表面张力的对数成负相关，即随着液体表面张力的增大，接触角增大。

8.7　模型验证及分析

本节从单因素实验、现场油样与管材两方面验证预测模型的准确性。

8.7.1 单因素实验

（1）表面粗糙度

将单因素实验中表面粗糙度的值代入式（8-3）中，计算接触角的预测值，并与实测值进行比较，结果如表8-14所示。

表8-14 不同表面粗糙度下接触角实测值与预测值的比较

	$\gamma_S = (9 \pm 2)\,mJ/m^2$, $\gamma_L = 70.13\,mN/m$			
$R_a/\mu m$	0.970	1.522	1.684	2.036
实测接触角/（°）	109.1	110.8	112.9	119.4
预测接触角/（°）	110.6	117.1	119.8	127.2
相对误差/%	1.36	5.71	6.14	6.51
	$\gamma_S = (20 \pm 2)\,mJ/m^2$, $\gamma_L = 70.13\,mN/m$			
$R_a/\mu m$	0.241	0.496	0.781	1.152
实测接触角/（°）	104.5	106.5	107.6	108.9
预测接触角/（°）	100.5	102.2	105.2	109.4
相对误差/%	3.81	4.07	2.27	0.49
	$\gamma_S = (31 \pm 2)\,mJ/m^2$, $\gamma_L = 70.13\,mN/m$			
$R_a/\mu m$	0.449	0.801	0.973	1.346
实测接触角/（°）	88.0	96.2	98.5	103.7
预测接触角/（°）	93.9	95.4	96.6	100.4
相对误差/%	6.75	0.80	1.89	3.20
	$\gamma_S = (43 \pm 2)\,mJ/m^2$, $\gamma_L = 70.13\,mN/m$			
$R_a/\mu m$	0.377	0.563	0.797	1.071
实测接触角/（°）	83.8	84.8	87.0	87.2
预测接触角/（°）	86.4	86.9	88.0	90.1
相对误差/%	3.11	2.46	1.16	3.28

由表8-14可知，在固体表面能和液体表面张力一定的前提下，预测接触角与实测接触角的最大相对误差为6.75%，最小相对误差为0.49%，平均相对误差为3.31%，预测值与实测值非常接近。因此，式（8-3）比较适合预测均匀设计实验中给定各因素取值范围内任意表面粗糙度下的接触角。

（2）固体表面能

将单因素实验中固体表面能的值代入式（8－3）中，计算接触角的预测值，并与实测值进行比较，结果如表8－15所示。

表8－15　不同表面能下接触角实测值与预测值的比较

$R_a = (0.55 \pm 0.1)\mu m$, $\gamma_L = 70.13 mN/m$					
$\gamma_S /(mJ/m^2)$	44.95	35.03	18.60	7.03	6.11
实测接触角/（°）	86.6	101.6	105.7	116.3	121.9
预测接触角/（°）	85.6	91.7	101.9	109.4	110.0
相对误差/%	1.12	9.70	3.55	5.97	9.80

由表8－15可知，在表面粗糙度和液体表面张力一定的前提下，接触角随表面能的增大而减小，预测接触角与实测接触角的最大相对误差为9.8%，最小相对误差为1.12%，平均相对误差为6.03%。因此，式（8－3）比较适合预测均匀设计实验中给定各因素取值范围内任意表面能下的接触角。

（3）液体表面张力

将单因素实验中液体表面张力的值代入式（8－3）中，计算接触角的预测值，并与实测值进行比较，结果如表8－16所示。

表8－16　不同液体表面张力下接触角实测值与预测值的比较

$R_a = 0.298\mu m$, $\gamma_S = 32.22 mJ/m^2$					
$\gamma_L /(mN/m)$	42.56	46.96	53.77	62.70	70.13
实测接触角/（°）	66.7	71.7	81.2	84.0	93.2
预测接触角/（°）	62.7	69.8	78.4	87.1	93.0
相对误差/%	6.00	2.61	3.43	3.67	0.26
$R_a = 1.027\mu m$, $\gamma_S = 17.45 mJ/m^2$					
$\gamma_L /(mN/m)$	42.56	46.96	53.77	62.7	70.13
实测接触角/（°）	79.7	93.6	105.1	106.8	115.8
预测接触角/（°）	76.0	82.7	90.9	99.6	105.6
相对误差/%	4.60	11.67	13.47	6.76	8.81

由表8－16可知，在表面粗糙度和固体表面能一定的前提下，接触角随液体表面张力的增大而增大。预测接触角与实测接触角的最大相对误差为13.47%，最小相对误差为0.26%，平均相对误差为6.13%，预测值与实测值比较吻合。

因此，式(8-3)适合预测均匀设计各因素取值范围内任意液体表面张力对应的接触角。

8.7.2 现场油样与管材

两种现场油样取自新疆油田采油一厂，分别标记为1#油样和2#油样。依据相关标准，测量了两种油样在28℃的密度和表面张力，结果如表8-17所示。

表8-17 油样的密度和表面张力(28℃)

	密度 ρ /(g/cm³)	表面张力 γ_L /(mN/m)
1#油样	0.910	31.20
2#油样	0.846	30.50

两种现场管材为新疆油田的柔性复合管和20#碳钢管。采用TR200表面粗糙度仪和Owens二液法分别测量了两种管的表面粗糙度和表面能，结果如表8-18所示。

表8-18 管材表面的粗糙度和表面能

	表面粗糙度 R_a /μm	表面能 γ_S /(mJ/m²)
柔性复合管	0.24	36.90
20#碳钢管	9.66	69.86

由于20#碳钢管的表面粗糙度超过均匀设计实验中表面粗糙度的取值范围，在此只通过柔性复合管和两种油样，验证接触角预测模型的准确性。

根据本书第2章2.4.1节中的测量方法，室温下[(28±0.5)℃]，采用JC2000D2接触角测定仪测量两种油样在柔性复合管试件表面的接触角，然后将油样的表面张力、柔性复合管的表面粗糙度和表面能代入接触角预测模型中，计算相应的接触角预测值以及两者的相对误差，结果如表8-19所示。

表8-19 柔性复合管表面接触角实测值与预测值的比较

	1#油样	2#油样
实测接触角/(°)	15.9	4.1
预测接触角/(°)	16.9	3.6
相对误差/%	6.29	12.20

由表8-19可知，两种油样在柔性复合管表面的实测接触角分别为4.1°、15.9°，属于亲油表面。经过计算，预测接触角和实测接触角的相对误差分别为

12.20%、6.29%，说明接触角预测模型相对比较准确。相比较，1#油样的相对误差较小，而2#油样接触角预测值与实测值相对误差较大，其原因可能是接触角越小，其测量误差越大。将2#油样滴在柔性复合管上，可以清楚看到油滴很快在其表面扩散开，待稳定后油滴在管道表面形成的凸透镜形状非常扁平，导致误差较大。

参考文献

[1] Wenzel R N. Resistance of solid surfaces to wetting by water[J]. Transactions of the Faraday Society, 1936, 28(8): 988-994.

[2] Cassie A B D, Baxter S. Wettability of porous surfaces[J]. Transactions of the Faraday Society, 1944, 40: 546-551.

[3] Bai F, Wu J T, Gong G M, et al. Biomimetic "Water Strider Leg" with highly refined nanogroove structure and remarkable water-repellent performance[J]. ACS Applied Materials and Interfaces, 2014, 6(18): 16237-16242.

[4] Zheng Y M, Gao X F, Jiang L. Directional adhesion of superhydrophobic butterfly wings[J]. Soft Matter, 2007, 3(2): 178-182.

[5] Jiang L, Yang B, Li T J, et al. Binary cooperative complementary nanoscale interfacial materials [J]. Pure and Applied Chemistry, 2000, 72(1-2): 73-81.

[6] 张泓筠. 超疏水表面微结构对其疏水性能的影响及应用[D]. 湘潭：湘潭大学, 2013.

[7] Wang J, Li D D, Gao R, et al. Construction of superhydrophobic hydromagnesite films on the Mg alloy[J]. Materials Chemistry and Physics, 2011, 129(1-2): 154-160.

[8] Wang J, Li D D, Liu Q, et al. Fabrication of hydrophobic surface with hierarchical structure on Mg alloy and its corrosion resistance[J]. Electrochimica Acta, 2010, 55(22): 6897-6906.

[9] Ou J F, Hu W H, Wang Y, et al. Construction and corrosion behaviors of a bilayer superhydrophobic film on copper substrate[J]. Surface and Interface Analysis, 2013, 45(3): 698-704.

[10] Ren S L, Yang S R, Zhao Y P, et al. Preparation and characterization of an ultrahydrophobic surface based on a stearic acid self-assembled monolayer over polyethyleneimine thin films[J]. Surface Science, 2003, 546(2-3): 64-74.

[11] Guo P, Zhai S R, Xiao Z Y, et al. One-step fabrication of highly stable, superhydrophobic composites from controllable and low-cost PMHS/TEOS sols for efficient oil cleanup[J]. Journal of Colloid and Interface Science, 2015, 446: 155-162.

［12］Ellison A H, Fox H W, Zisman W A. Wetting of fluorinated solids by hydrogen-bonding liquids ［J］. The Journal of Physical Chemistry, 1953, 57(7): 622 –627.

［13］Hare E F, Zisman W A. Autophobic liquids and the properties of their adsorbed films［J］. The Journal of Physical Chemistry, 1955, 59(4): 335 –340.

［14］Krupenkin T N, Taylor J A, Schneider T M, et al. From rolling ball to complete wetting: The dynamic tuning of liquids on nanostructured surfaces［J］. Langmuir, 2004, 20(10): 3824 – 3827.

［15］Lahann J, Mitragotri S, Tran T N, et al. A reversibly switching surface［J］. Science, 2003, 299(5605): 371 –374.

［16］Liu N, Cao Y Z, Lin X, et al. A facile solvent-manipulated mesh for reversible oil/water separation［J］. ACS Applied Materials and Interfaces, 2014, 6(15): 12821 –12826.

［17］Cao Y Z, Liu N, Fu C K, et al. Thermo and pH dual-responsive materials for controllable oil/water separation［J］. ACS Applied Materials and Interfaces, 2014, 6(3): 2026 –2030.

［18］Kijlstra J, Reihs K, Klamt A. Roughness and topology of ultra-hydrophobic surfaces［J］. Colloids and Surfaces. A: Physicochemical and Engineering Aspects, 2002, 206(1 –3): 521 –529.

［19］张泓筠. 超疏水表面微结构对其疏水性能的影响及应用［D］. 湘潭: 湘潭大学, 2013.

［20］陈晓磊. 固体聚合物表面接触角的测量及表面能研究［D］. 长沙: 中南大学, 2012.

［21］Zhang X P, Yu S R, He Z M, et al. Wetting of rough surfaces［J］. Surface Review and Letters, 2004, 11(1): 7 –13.

［22］Wang R G, Cong L, Kido M. Evaluation of the wettability of metal surfaces by micro-pure water by means of atomic force microscopy［J］. Applied Surface Science, 2002, 191(1 –4): 74 –84.

［23］Zisman A W. Relation of the equilibrium contact angle to liquid and solid constitution［J］. Advances in Chemistry, 1964, 43: 1 –51.

第9章 微观形貌分形描述及其对润湿性的影响

9.1 概 述

现阶段研究表明，固体表面的润湿性由微观几何结构和表面化学组成共同决定[1]。本书第8章也详细介绍了影响润湿性的主要因素，包括液体表面张力、固体表面粗糙度、表面能、表面几何形貌及元素含量等。但由于固体表面几何形貌难以进行定量描述，因此，建立的润湿性预测模型并未考虑微观形貌这一因素。但事实上，随着研究的深入，人们发现材料表面的微观形貌比其表面的自由能更大程度影响润湿性。表面微观结构通过影响固体和液体的接触状态，从而影响固-液界面处流体的流动情况。

目前，一些学者选取钢作为基体材料，在其表面构造不同的表面微观形貌[2-4]，从而研究材料表面润湿性与流动阻力的关系。通常，材料表面的微观形貌特征采用表面粗糙度来评定。但是表面粗糙度仅仅是和尺度有关的参数，且受限于仪器的分辨率及采样长度等[5]，基于统计学获得的表面特征参数不能够准确、全面地反映出其表面的形貌信息。因此，研究者们引入分形理论，借助与尺度无关的分形参数定量表征材料表面的微观形貌。Zhu 等[6]使用 Matlab 数学软件，测量了瞬时爆炸载荷作用下的金属弹壳碎片的体积分形维数和线分形维数，发现其具有统计自相似性的特征，说明采用分形维数表征表面微观形貌是切实可行的。Yu 等[7]将喷砂毛化处理法、化学刻蚀法与氟化处理法相结合，在 X52 管线钢基体制备超疏水表面，发现表面微观形貌越复杂、丰富，分形维数越大。

尽管分形维数可以描述材料表面整体的不规则程度和复杂程度，但对于表面局部微观形貌特征描述受到限制，因此，本章在单一分形的基础上，引入多重分形，对构造的不同材料的不同疏水表面的微观形貌进行全面定量描述，从而建立表面微观形貌与润湿性之间的联系，这对于通过调控材料表面微观形貌改变润湿性，进而实现管道内部流体的流动减阻具有重要的实践意义。

9.2　微观形貌的制备

本章选用 304 不锈钢、X80 管线钢以及 45#钢作为实验材料，采用化学刻蚀和低表面能的物质修饰相结合的方法在 3 种材料表面制备不同的微观形貌[8-11]。

（1）材料预处理

将 304 不锈钢、X80 管线钢、45#钢切分别割成 10mm × 10mm × 2mm 的实验试件若干，依次采用 600#、800#、1200#砂纸对其打磨，直至完整地裸露一个表面，然后将试件放置于无水乙醇和丙酮的混合溶液（体积比为 1 : 1）超声清洗 10min，而后取出吹干备用。

（2）化学刻蚀

配制体积比为 15 : 1 : 1 的 $FeCl_3 + HCl + H_2O_2$ 混合刻蚀液，将经过预处理的试件在室温下放置于刻蚀液中进行刻蚀，刻蚀时间分别为 20min、30min、40min、50min、60min，刻蚀结束后依次采用蒸馏水和无水乙醇处理试件表面并吹干备用。

（3）低表面能修饰

先配制 50ml0.05mol/L 的硬脂酸乙醇溶液，再将刻蚀结束的试件浸泡在硬脂酸乙醇溶液中，时长 1h，结束后取出，用大量无水乙醇冲洗并干燥，即可得到具备不同表面微观形貌的金属基体试件。

（4）微观形貌的采集

采用 JSM – 6390A 型扫描电子显微镜（SEM）采集不同材料在不同放大倍数下的表面微观形貌。先将经过化学刻蚀和低表面能修饰后的不同材料试件用导电胶固定到样品台上，然后放置于样品室内，接着从低倍数开始观察，逐渐放大倍数，直至能清晰观察到表面微观构造后进行拍照。

9.3　不同刻蚀时间下的微观形貌

3 种钢基材料在不同刻蚀时间下的 SEM 图片分别如图 9 – 1 ～ 图 9 – 3 所示。

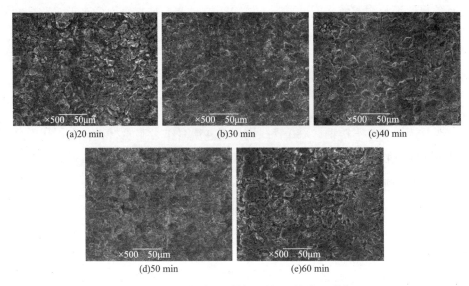

图 9 – 1   45#钢在不同刻蚀时间下的微观形貌

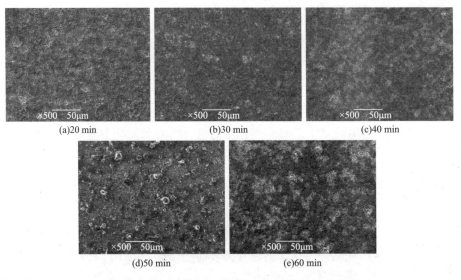

图 9 – 2   X80 管线钢在不同刻蚀时间下的微观形貌

如图 9 – 1 所示，对于 45#钢，当刻蚀时间为 20min 时，其表面出现了大量的片状突起物，边长大多分布在 10 ~ 50μm 不等；随着刻蚀时间的延长，表面形貌结构仍为片状，未发生改变；进一步放大后发现这些片状突起物实际上是由一簇簇层片状结构的物质组成的。如图 9 – 2 所示，对于 X80 管线钢，当刻蚀时间在 20 ~ 40min 时，X80 管线钢表面分布着形状相似、大小不一的突起；当刻蚀时间增加到50min时，表面出现了一些外围呈环状，中间凹陷进去的结构，除此之外，进一步放大后发现表面还分布着椭圆形突起物，这些椭圆形突起物上面布满了由层片状结构组成的团状刻蚀产物；最后，当刻蚀时间增加到60min时，表面出现了一簇簇椭圆形的突起物，直径约在 $5 \sim 20\mu m$。如图9-3所示，对于304不锈钢，其表面大部分均覆盖着微米级的断石状物质，可以看到较为明显的晶界；进一步放大后发现断石状晶体上部分表面还存在一些小点状突起物；随着刻蚀时间的增加，断石状物质的尺寸也越来越大，刻蚀时间为50min时，晶界线相对模糊；当刻蚀时间增加到60min时，断石状形貌基本变为石片状形貌。

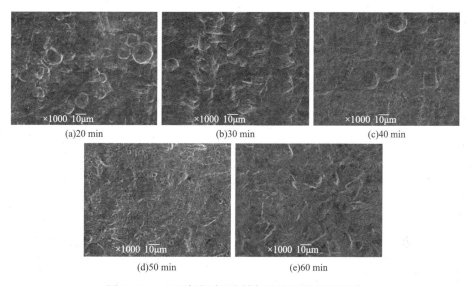

(a)20 min   (b)30 min   (c)40 min

(d)50 min   (e)60 min

图9-3　304不锈钢在不同刻蚀时间下的微观形貌

9.4　微观形貌的分形描述

9.4.1　分形维数

分形理论主要用于研究不规则[12]的几何形态，描述传统的欧式几何学不能描述的物体。分形对象看似无规则可循，其局部与整体之间却存在自相似现象[13]，通常采用分形维数（Fractal Dimension，D）这一参数定量描述分形特征。分形维数可以分为自相似维数、豪斯道夫维数、盒计数维数、功率谱维数、结构函数法维数[14-18]。本文使用计算简便的盒计数维数计算分形维数。

对于分形集 A，$N(\varepsilon)$ 为覆盖 A 中直径是 ε 的集的个数，二者存在如下数学关系：

$$N(\varepsilon) \propto \varepsilon^k \tag{9-1}$$

以 $\log N(\varepsilon)$ 为纵坐标，$\log\varepsilon$ 为横坐标在双对数坐标中做直线拟合，所得直线斜率 k 的负值即为盒计数维数的值。

先将采集的 SEM 图片导入 Matlab 当前路径的文件夹中，采用减除背景灰度的方法消除图像亮度的不均匀，用迭代法进行阈值分割，然后进行二值化处理，转为黑白位图，最后应用 Matlab 软件编程计算不同表面的分形维数。

9.4.2　多重分形谱

多重分形是由具备不同分形特征的一系列子集叠加组成的不均匀分维分布的一个奇异集合，是对单一分形的推广，具有与单一分形相同的自相似性、尺度无关性和标度不变性的性质[19,20]。

用尺度为 δ 的小方格覆盖分形目标图像，第 i 个小方格内所研究的分形集上的某个物理量(测度)μ 的平均值为 μ_i，则 δ 可以表示为 μ_i 的函数：

$$\mu_i \propto \delta^{\alpha_i} \tag{9-2}$$

式中　α——奇异性指数，反映了图形中各单元格的奇异程度，α_i 即为第 i 个小方格的奇异程度。

记小方格的像素为 n_{ij}，则图像的总像素为 $\sum n_{ij}$，概率测度 P_{ij} 则为：

$$P_{ij}(\delta) = \frac{n_{ij}}{\sum n_{ij}} \tag{9-3}$$

定义 q 阶矩阵配分函数 $\chi(\delta)$：

$$\chi(\delta) = \sum_{ij} P_{ij}{}^q(\delta) \tag{9-4}$$

式中　q——权重因子，表示概率测度 P_{ij} 占据配分函数 $\chi(\delta)$ 的比重。

若 $q>0$，则表面较高区域所占权重较大；相反，若 $q<0$，则表面较低区域所占权重较大。

配分函数 $\chi(\delta)$ 是 δ 的幂函数：

$$\chi(\delta) \propto \delta^{-\tau_q} \tag{9-5}$$

式中　$\tau(q)$——质量指数。

若 $\tau(q)$ 与 q 为线性关系，则图形对象是单一分形；若 $\tau(q)$ 与 q 为凸函数关系，则图形对象是多重分形。

$$\begin{cases} \alpha(q) = \dfrac{\mathrm{d}\tau(q)}{\mathrm{d}q} \\ f(\alpha) = q\alpha(q) - \tau(q) \end{cases} \tag{9-6}$$

式中 $f(\alpha)$——多重分形谱，是同一奇异性指数 α 的子集合的分形维数。

多重分形谱通常由谱宽 $\Delta\alpha$ 和谱差 Δf 两个参数来表征：

$$\Delta\alpha = \alpha_{\max} - \alpha_{\min} \tag{9-7}$$

$$\Delta f = f(\alpha_{\min}) - f(\alpha_{\max}) \tag{9-8}$$

若权重因子 q 取值范围为 $-c \sim c$，c 为任意常数，则 $\alpha_{\max}$ 表示 $q = -c$ 时的奇异指数，$\alpha_{\min}$ 表示 $q = c$ 时的奇异指数。

谱宽 $\Delta\alpha$ 用来表征概率分布均匀性，$\Delta\alpha$ 越小，分布越均匀。

谱差 Δf 用来表征最大概率 $f(\alpha_{\min})$ 和最小概率 $f(\alpha_{\max})$ 子集维数的差值，当 $\Delta f > 0$ 时，多重分形谱为左钩，表面形貌高度相对较低；当 $\Delta f < 0$ 时，多重分形谱为右钩，表面形貌高度相对较高。

利用上述关系编写了 Matlab 程序，计算了 3 种钢基材料表面在不同刻蚀时间下的分形维数和多重分形谱，结果分别如表 9-1、图 9-4 和图 9-5 所示。

表 9-1 3 种材料在不同刻蚀时间下的分形维数

刻蚀时间/min	分形维数		
	45#	X80	304
20	2.0431	2.0571	2.0648
30	2.0645	2.0706	2.0722
40	2.0555	2.0613	2.0654
50	2.0490	2.0591	2.0498
60	2.0496	2.0550	2.0614

从表 9-1 可以看出，本文制备得到的不同表面微观形貌的分形维数均大于 2，说明它们都具有明显的分形特征，用分形维数来表征表面微观形貌是切实可行的[21]。45#钢、X80 管线钢、304 不锈钢 3 种材料的分形维数整体上都是先增大后减小，并都在 30min 刻蚀时间处达到最大值。对于 45#钢和 304 不锈钢，分形维数先增大后减小再增大，这是由于表面刻蚀产物的突起先减少后增多再减

少，如图 9－4 所示，此时两种材料表面的子集维数最大值 $f(\alpha)_{\max}$（即多重分形谱的最高点）先左移后右移再左移；当刻蚀时间为 30min 时，两种材料表面的突起物最少，分形维数达到最大值；当刻蚀时间延长至 50min 时，材料表面较多的突起物导致较小的分形维数。对于 X80 管线钢，分形维数先增大后减小，这是由于凹坑数量先增多后减少，此时 $f(\alpha)_{\max}$ 先左移后右移；当刻蚀时间为 30min 时，材料表面的凹坑数量最多，分形维数达到最大值；当刻蚀时间为 60min 时，材料表面的凹坑数量最少，此时分形维数达到最小值。由式（9－8）计算可得 3 种材料表面的 Δf 均大于 0，说明多重分形谱均为左钩，表面形貌高度相对较低。从图 9－4可以看出，45#钢、304 不锈钢和 X80 管线钢的 Δf 依次减小，即 45#钢表面高度相对最高，304 不锈钢次之，X80 管线钢相对最低。

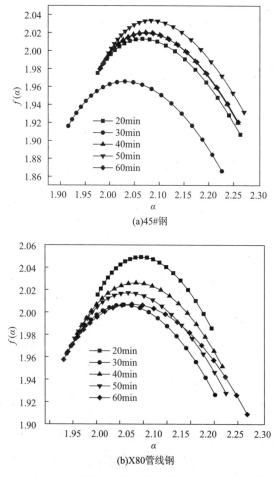

(a)45#钢

(b)X80管线钢

图 9－4　3 种材料在不同刻蚀时间下的多重分形谱

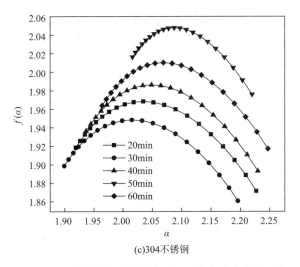

(c)304不锈钢

图9-4　3种材料在不同刻蚀时间下的多重分形谱(续)

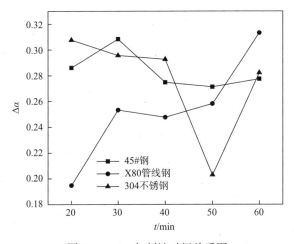

图9-5　$\Delta\alpha$与刻蚀时间关系图

　　从图9-5 $\Delta\alpha$ 随刻蚀时间变化关系图可以看出，45#钢和X80管线钢的 $\Delta\alpha$ 总体呈现先增大后减小再增大的趋势，这可能是由于刻蚀时间较短，刻蚀不完全，表面复杂程度并不均匀；随着刻蚀时间的增加，刻蚀进行得较为完全，表面复杂程度较为均匀；当刻蚀时间增加至40min之后，刻蚀时间过长，导致表面微观形貌有一定程度塌陷，造成表面不均匀性。304不锈钢的 $\Delta\alpha$ 呈现先减小后增大的趋势，这可能是由于随着刻蚀时间的增加，刻蚀越完全，表面越均匀；当刻蚀时间增加至50min后，内部缺陷向面缺陷过渡，表面复杂程度不均匀。

9.5 分形参数对润湿性的影响

3 种材料在不同刻蚀时间下的接触角如图 9 - 6 ~ 图 9 - 8 所示。

图 9 - 6 45#钢在不同刻蚀时间下的接触角

图 9 - 7 X80 管线钢在不同刻蚀时间下的接触角

图 9 - 8 304 不锈钢在不同刻蚀时间下的接触角

从以上 3 个图可以看出，3 种材料表面上的蒸馏水液滴均呈现近圆状，材料表面达到疏水状态，在最佳刻蚀时间 30min 时，45#钢、X80 管线钢和 304 不锈钢的接触角最大，可分别达到 135.7°、130.5°和 124.3°。这可能是由于：根据 Cassie-Baxter[22-24] 方程可知，对于疏水表面，固体表面与液滴的接触可分为两部分，一部分是液滴与固体表面的突起物之间的固液接触，另一部分是液滴与固体表面凹槽中存在的空气之间的气液接触。对于疏水表面，减小固液接触面积，可增大接触角，使固体表面的疏水性能增强。对于 3 种材料来说，蒸馏水液滴与固体表面接触的面积可能占总的面积分数较小，而气液接触面积较大，导致蒸馏水在 3 种材料表面的接触角较大。

　　3 种材料的接触角与分形维数直线拟合图如图 9 - 9 所示，可以看出，3 种材料的接触角均随着分形维数的增大而增大，二者成显著的线性关系。3 种材料的拟合效果存在差别：X80 管线钢的拟合度因子 R^2 最大，可达到 0.95252，304 不锈钢的 R^2 最小，为 0.79781，45#钢的 R^2 介于二者之间，为 0.81325。当分形维数均在 2.062 左右时，45#钢的接触角为 135.7°，X80 管线钢的接触角为 121.3°，304 不锈钢的接触角为 115.0°。造成 3 种不同材料在相近分形维数下接触角存在较大差异的原因是：一方面 3 种材料表面的分形维数存在一定差异；另一方面也证实了单一分形参数无法全面表征材料表面的微观形貌，多重分形谱也是一个重要参数。分形维数越大，多重分形谱子集维数最大值越偏左，即其对应的奇异性指数越小，则接触角越大。

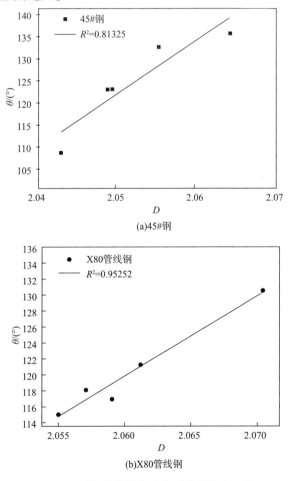

(a)45#钢

(b)X80管线钢

图 9 - 9　3 种材料接触角随分形维数的变化关系

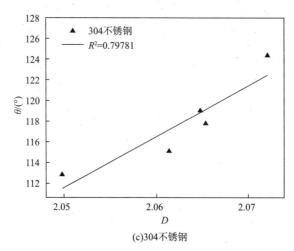

(c)304不锈钢

图9-9　3种材料接触角随分形维数的变化关系(续)

参考文献

[1] Du Y, Chen H J, Cheng Z J, et al. Preparation of copper surfaces with controlled wettability through the molecular self-assembling process[J]. Chemical Journal of Chinese Universities, 2014, 35(1): 105 – 109.

[2] Aguilar-Morales A I, Alamri S, Voisiat B, et al. The role of the surface nano-roughness on the wettability performance of microstructured metallic surface using direct laser interference patterning [J]. Materials, 2019, 12(17): 2737.

[3] Jiang B, Li G J, Liu H Q, et al. Superhydrophobic coating on heat-resistant steel surface fabricated by a facile method[J]. Journal of Iron and Steel Research, International, 2018, 25(9): 975 – 983.

[4] Zhang H F, Tuo Y J, Wang Q C, et al. Fabrication and drag reduction of superhydrophobic surface on steel substrates[J]. Surface Engineering, 2017, 34(8): 596 – 602.

[5] Han J J, Zheng W, Wang G C. Investigation of influence factors on surface roughness of microscale features[J]. Precision Engineering, 2019, 56: 524 – 529.

[6] Zhu J J, Zheng Y, Yang Y C, et al. Research on the volume and line fractal dimension of fragments from the dynamic explosion fragmentation of metal shells[J]. Powder Technology, 2018, 331: 129 – 136.

[7] Yu SR, Liu J A, Diao W. Fabrication of bionic superhydrophobic surface on X52 pipeline steel

[J]. Chinese Science Bulletin, 2014, 59(3): 273 −278.

[8] Jeevahan J, Chandrasekaran M, Britto Joseph G, et al. Superhydrophobic surfaces: A review on fundamentals, applications, and challenges [J]. Journal of Coatings Technology and Research, 2018, 15(2): 231 −250.

[9] Guo M, Diao P, Cai S M, et al. Surface modification induced surper-hydrophobicity of well-a-ligned ZnO nanorod array film [J]. Chemical Journal of Chinese Universities, 2004, 25(3): 547 −549.

[10] Nanda D, Sahoo A, Kumar A, et al. Facile approach to develop durable and reusable superhy-drophobic/superoleophilic coatings for steel mesh surfaces [J]. Journal of Colloid and Interface Science, 2019, 535: 50 −57.

[11] Li H, Yu S, Han X, et al. Fabrication of superhydrophobic and oleophobic surface on zinc sub-strate by a simple method [J]. Colloids and Surfaces A: Physicochemical and Engineering As-pects, 2015, 469: 271 −278.

[12] Shen J F, Zhang Y, Ling C, et al. Comparative study on the fractal dimensions of soil particle size [J]. IOP Conference Series: Earth and Environmental Science, 2019, 267(2): 022039.

[13] Nayak S R, Mishra J, Palai G. Analysing roughness of surface through fractal dimension: A re-view [J]. Image and Vision Computing, 2019, 89: 21 −34.

[14] An Q, Suo S F, Zhao X R, et al. Research on fractal dimension calculation method of machi-ning surface based on wavelet transform [J]. IOP Conference Series: Materials Science and En-gineering, 2019, 612(2): 032158.

[15] Becher V, Reimann J, Slaman T A. Irrationality exponent, Hausdorff dimension and effectiviza-tion [J]. Monatshefte fur Mathematik, 2018, 185(2): 167 −188.

[16] Liu Y, Wang Y S, Chen X, et al. Two-stage method for fractal dimension calculation of the me-chanical equipment rough surface profile based on fractal theory [J]. Chaos, Solitons & Frac-tals, 2017, 104: 495 −502.

[17] Panigrahy C, Seal A, Mahato N K, et al. Differential box counting methods for estimating fractal dimension of gray-scale images: A survey [J]. Chaos, Solitons & Fractals, 2019, 126: 178 −202.

[18] Silva P M, Florindo J B. A statistical descriptor for texture images based on the box counting frac-tal dimension [J]. Physica A: Statistical Mechanics and its Applications, 2019, 528: 121469.

[19] Zhao Y X, Chang S, Liu C. Multifractal theory with its applications in data management [J]. Annals of Operations Research, 2014, 234(1): 133 −150.

[20] Olemskoi A, Shuda I, Borisyuk V. Generalization of multifractal theory within quantum calculus

[J]. Europhysics Letters, 2010, 89(5): 50007.

[21] Lin Q J, Meng Q Z, Wang C Y, et al. The influence of fractal dimension in the microcontact of three-dimensional elastic-plastic fractal surfaces[J]. International Journal of Advanced Manufacturing Technology, 2018, 104(1 −4): 17 −25.

[22] Guo H Y, Li B, Feng X Q. Stability of Cassie-Baxter wetting states on microstructured surfaces [J]. Physical Review E, 2016, 94: 042801.

[23] Jain R, Pitchumani R. Fractal model for wettability of rough surfaces[J]. Langmuir, 2017, 33 (28): 7181 −7190.

[24] Nowicki W. The interfacial energy in the Cassie-Baxter regime on the pyramid decorated solid surface[J]. European Physical Journal E, 2019, 42(7): 84.